高等职业教育工匠工坊新型活页式系列教材

Unity 游戏开发项目实战

魏晓艳　郭立文　王海龙◎主　编

何飞宇　孙　博　杨　裕◎副主编

中国铁道出版社有限公司
CHINA RAILWAY PUBLISHING HOUSE CO., LTD.

内 容 简 介

本书是由高校教师与企业工程师共同编写的活页式教材。全书以游戏项目实战为主线，重点介绍了基于 Unity 开发游戏的知识和技巧。全书共分三个单元：单元一主要介绍游戏项目基础；单元二主要介绍见缝插针游戏项目的设计开发与实现；单元三主要介绍狂暴的机器人游戏项目的设计开发与实现。

本书根据开发大型游戏所需要的技术（如镂空动画、半透明动画、碰撞检测、斜角卷动的地图、人工智能、3D 动画、3D 音效等），对游戏的设计和开发过程进行了系统而又详细地介绍，使读者能清楚地了解游戏设计过程中的相关知识，包括 Visual C# 的基本操作、游戏画面的坐标系统、规划游戏的主要架构等。为了便于读者更好地掌握技术，项目中涉及的主要知识点，以知识准备和知识链接两种形式讲解，同时提供项目实现操作全过程视频资源。

本书适合作为高等职业院校计算机类相关专业的教材，也可作为游戏开发人员的入门参考书籍。

图书在版编目（CIP）数据

Unity游戏开发项目实战/魏晓艳，郭立文，王海龙主编. —北京：中国铁道出版社有限公司，2022. 11（2026.1重印）

高等职业教育工匠工坊新型活页式系列教材

ISBN 978-7-113-29797-8

Ⅰ. ①U… Ⅱ. ①魏…②郭…③王… Ⅲ. ①游戏程序-程序设计-高等职业教育-教材 Ⅳ. ①TP317.6

中国版本图书馆CIP数据核字（2022）第203906号

书　　名：Unity 游戏开发项目实战
作　　者：魏晓艳　郭立文　王海龙

策　　划：翟玉峰　　　　编辑部电话：（010）51873135
责任编辑：翟玉峰　王占清
编辑助理：谢世博
封面设计：郑春鹏
责任校对：安海燕
责任印制：赵星辰

出版发行：中国铁道出版社有限公司（100054，北京市西城区右安门西街 8 号）
网　　址：https://www. tdpress. com/51eds
印　　刷：北京联兴盛业印刷股份有限公司
版　　次：2022 年 11 月第 1 版　2026 年 1 月第 2 次印刷
开　　本：787 mm×1 092 mm 1/16　印张：16. 25　字数：362 千
书　　号：ISBN 978-7-113-29797-8
定　　价：59. 80 元

前言

近年来，校企双方积极推进产教融合，主动整合优势资源共建“工匠工坊”，共同建设专业，共同实施课程改革，共同培养企业急需的专业人才。在此背景下，编者基于多年教学经验，引入企业真实项目，并以教学规律、教学进程等为前提，编写了这部新型活页式教材，旨在为师生提供参考。

本书由教学经验丰富的高校教师和企业工程师共同编写，采用企业真实项目，将工作任务转化为学习内容。在教材内容组织上，摒弃了传统的知识架构，而是以项目为载体，采用工作任务模式，围绕项目开发来整合专业知识。本书适合采用教学一体化教学方法，通过项目实战培养学生职业技能，从而胜任相关岗位工作。

本书包含项目基础、见缝插针项目、狂暴的机器人游戏三个单元。单元一介绍敏捷协作平台CSDN社区以及当前流行的游戏开发工具Unity和企业常用工具Git。单元二包含四个模块，涉及知识有Unity引擎的环境搭建、素材的导入和素材的处理及使用，对transform属性中的position和rotation的变换方法、预设物的创建和修改方法、GameManager的使用和实例化物体的方法、MoveTo的使用和父物体的设置、向量的运算、鼠标点击事件、判断语句、刚体、碰撞体及碰撞检测方法等。单元三包含五个模块，涉及知识有：Input类的用法，C#基本语法结构、代码格式化和注释，NavMesh地图的设置，UGUI的Button、Image用法等。按照实现过程将每个模块分为多个任务，每个任务由任务描述、任务目标、任务实现、任务测评以及任务实训构成，以完成任务的实操为主线，在任务实现过程中穿插知识链接和知识补充来讲解知识点，以实现理论与实践的融合与贯通，达到预定的知识、技能及职业素养目标。

本书由魏晓艳、郭立文、王海龙任主编，何飞宇、孙博、杨裕任副主编。其中，魏晓艳、郭立文、孙博来自陕西国防工业职业技术学院，杨裕来自珠海城市职业技术学院，王海龙、何飞宇来自江苏一道云科技发展有限公司。单元一由孙博编写，单元二及单元三的模块二和模块四由魏晓艳编写，单元三的模块一和模块五由郭立文编写，单元三的模块三由何飞宇编写。全书由魏晓艳负责统稿。项目测试由何飞宇完成。

由于编者水平有限，书中不妥与疏漏之处在所难免，敬请读者批评指正。

编　者

2022年5月

目 录

视频目录

单元一

项目基础

项目导航

本单元通过学习四个任务，了解和掌握安装Git软件、使用TAPD平台、注册CSDN账号、安装Unity软件等相关知识和操作。为顺利开展2D游戏——见缝插针和3D游戏——狂暴的机器人的学习实践打下良好的基础。

知识目标

◎理解Git基本命令

◎了解TAPD基本界面与各个功能按钮的作用

◎掌握CSDN博客的发表

◎掌握UnityHub对于不同版本Unity的控制

能力目标

◎能领会git命令的含义

◎会使用TAPD对项目任务进行跟进

◎会运用CSDN的各项功能

◎能操作Unity界面的基本功能作

模块一 项目前的准备

本书的代码版本控制工具是 Git，敏捷协作平台使用 TAPD，技术等交流讨论使用 CSDN 社区，游戏开发引擎使用 Unity 软件。TAPD 与 CSDN 这两个工具无须安装即可使用。本模块介绍 TAPD 平台与 CSDN 社区的基本使用。

任务一 使用 TAPD 平台

任务描述

情境描述	李星通过对游戏的商业分析和市场分析，需要进行下一步工作。 TAPD基本使用。帮助产品团队敏捷迭代，进行产品规划、项目管理和质量跟踪等研发工作，提升项目过程和资源状态的可见性，满足不同团队的差异化和灵活自适应，从而帮助团队更好、更快地完成产品交付并发布上线运营。
任务分解	分析上面的工作情境，将任务分解如下： （1）账号创建； （2）创建新项目，邀请成员加入； （3）新增一项任务； （4）拖动，完成任务； （5）切换看板状态； （6）切换到文档目录； （7）切换到报表目录； （8）切换到工作台； （9）切换到个人文档； （10）管理项目与团队成员。
任务准备	在TAPD使用之前要先注册好TAPD账号。本任务主要进行的是对TAPD的使用。

任务目标

知识目标	了解敏捷研发协作平台，掌握TAPD的使用方法。
技能目标	能够独立使用进行项目开发的TAPD平台。
职素目标	团队意识：能够在平台的使用过程中意识到团队开发的重要性和必要性。

任务实现

下面通过具体步骤讲解TAPD网站的基本界面和使用，包含官网地址、新建项目并邀请成员、任务生命周期的各个部分，以及各个界面按钮的功能。具体操作步骤如下。

步骤1: 登录主界面。

打开TAPD官网，然后进行登录，进入TAPD主界面，如图1-1-1所示。

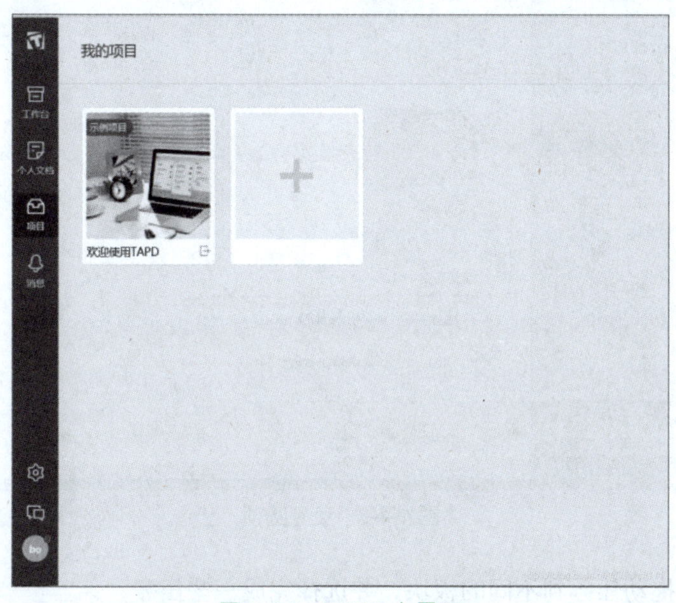

图 1-1-1 TAPD 主界面

步骤2: 进入一个新的项目，邀请团队的新成员进入“我的项目”。

这里以初始项目欢迎使用TAPD作为demo，如图1-1-2所示。

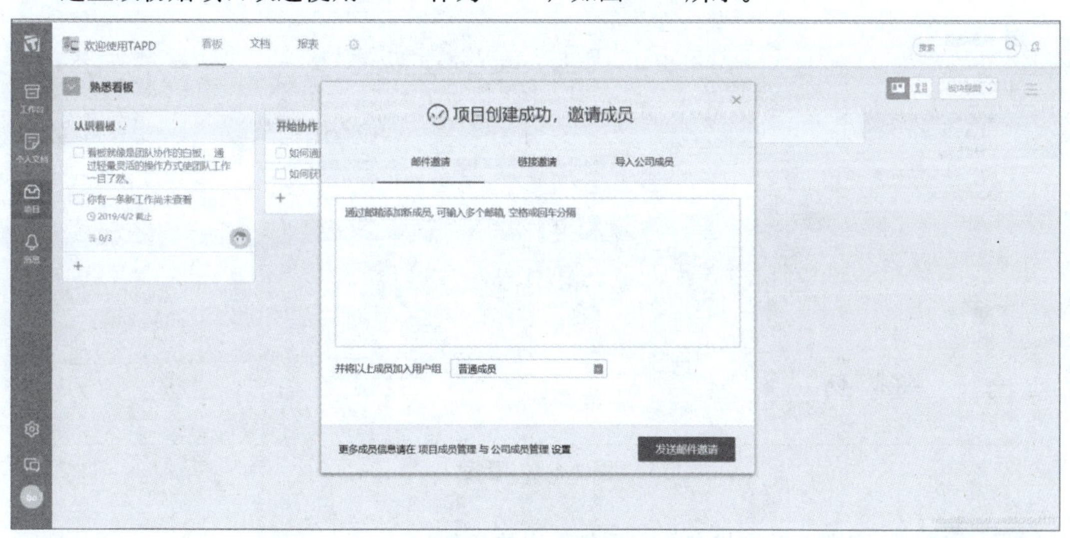

图 1-1-2 邀请成员

步骤3: 新增一项任务。

单击“+”即可添加任务，可以选择“负责人”“开始时间”“截止时间”等，并可以在任务中评论，查看到“变更历史”查阅任务的状态。右上角有更多选项可以设置，如

图1-1-3所示。

图 1-1-3　设置选项

步骤4： 拖动任务到不同的板块，并选择完成一些任务。

将刚才的Hello，TAPD任务移动到“了解更多”板块。单击任务左边的方框就可以选择完成任务。通过这些简单的操作就可以控制看板，方便团队的每一个成员了解当前的任务状态以及项目进度，如图1-1-4所示。

图 1-1-4　看板

步骤5： 切换看板的状态，查看每个人的任务。

这里单击右边的“成员看板”按钮，就可以看到每个人有哪些任务没有完成或者已经完成，如图1-1-5所示。

图 1-1-5　个人任务

步骤6： 共享文档。

切换到文档目录可以查看到当前项目里共享的文档，如图1-1-6所示。

图 1-1-6　共享文档

步骤7： 切换到报表目录。

可以看到当前项目进度的可视化过程，查看哪些任务已完成，哪些成员未完成，如图1-1-7所示。

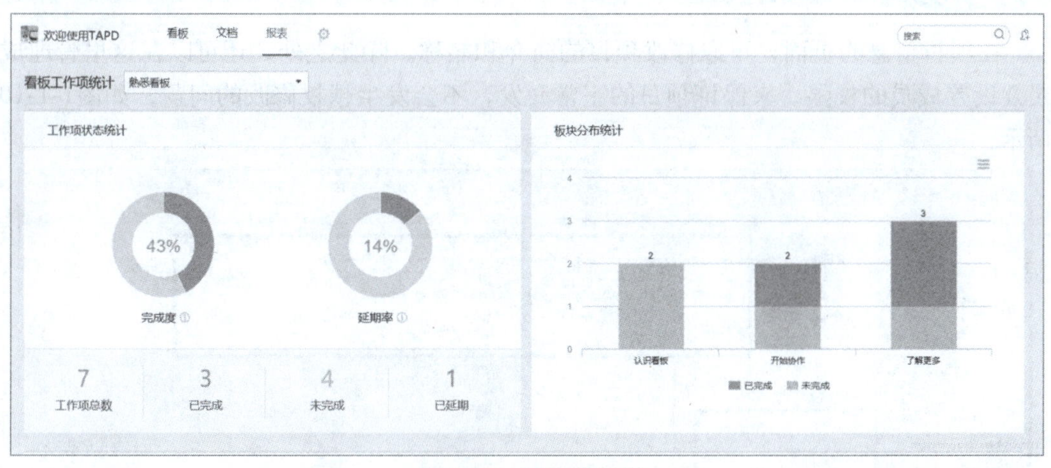

图 1-1-7　可视化面板

步骤8： 切换到工作台，查看个人情况。

在工作台界面，只有个人信息，可以看到自己所参与的项目。查看自己的工作哪些需要做，哪些已经完成，如图1-1-8所示。

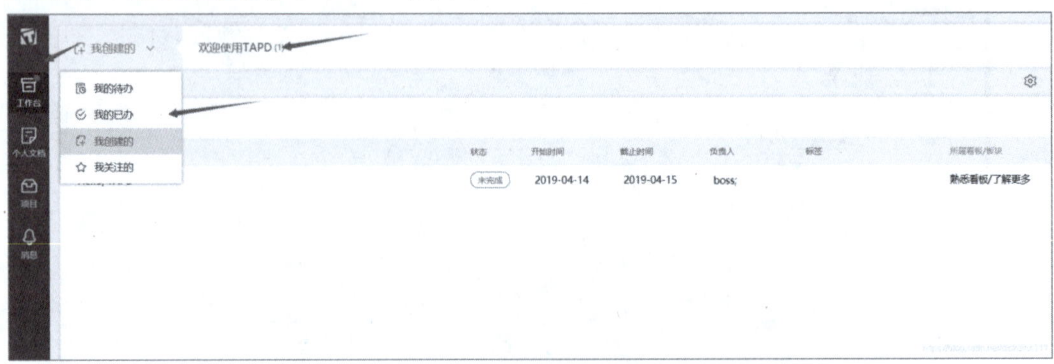

图 1-1-8　个人情况

步骤9： 切换到个人文档。

这里保存的是自己上传的一些共享文件，如图1-1-9所示。

图 1-1-9　共享文件夹

步骤10： 管理项目。

在项目信息的页面，可以修改项目的简介和名称。除此之外，还可以在这里管理成员及设置成员的权限，来保证项目的正常开发，不会发生越权修改的问题，如图1-1-10所示。

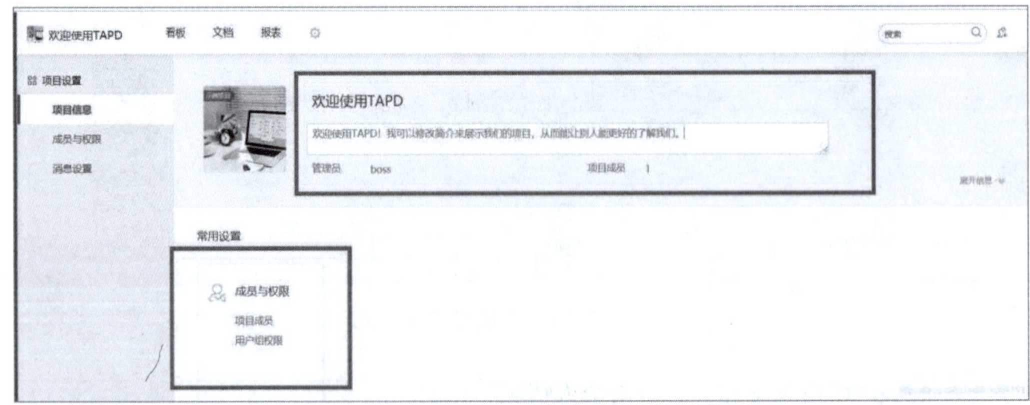

图 1-1-10　管理项目

知识链接

TAPD：TAPD是腾讯敏捷研发协作平台，是一款由腾讯公司自主研发的协作及软件研发管理平台。

知识补充

TAPD沉淀了腾讯十余年敏捷研发文化、研发模式和实践成果，能够帮助企业高效协作和提升研发效能。自2006年起，TAPD作为腾讯研发体系的重要协作平台，支撑了QQ、微信等众多核心业务。2017年5月，TAPD正式对外开放，为产品研发全生命周期提供解决方案，支持敏捷需求规划、迭代计划跟踪、测试与质量保证、持续构建交付等全过程研发实践，助力企业提升研发效能，实现数字化转型升级。2018年10月，腾讯敏捷协作平台TAPD荣获“2018年CCF科学技术奖科技进步杰出奖”；该奖项由中国计算机学会（CCF）授予，旨在嘉奖计算机及相关领域在技术研究、技术开发、技术创新、推广应用先进科学技术的基础成果，代表着国内计算机领域最高学会的认可。2019年1月，TAPD 5.0版本正式发布，推出企业数字化协作和DevOps一体化解决方案。2019年3月，腾讯TAPD取得ISO 27001认证，信息安全管理达到国际先进水平。2019年5月，腾讯企业协作平台TAPD荣获“年度最佳SaaS平台”，该奖项由第四届中国SaaS应用大会组委会颁发。2019年6月，腾讯敏捷协作平台TAPD获评2019中国国际软件博览会“优秀产品”。2020年初，在疫情期间TAPD对企业开放了针对性的扶持计划，与全国企业同心战“疫”，助力企业实现跨地域的高效协作。2020年3月，TAPD入选教育部首批疫情防控期间高校开展教学的项目资源，满足学生实践课程云端管理，助力高校科研项目全周期管控，持续推进高校新工科建设。

TAPD提供看板、在线文档、敏捷需求规划、迭代计划与跟踪、任务工时管理、缺陷跟踪管理、测试计划与用例、持续集成、持续交付与部署等丰富的可配置功能，并提供三种敏捷协作解决方案，分别是轻量团队看板、问题跟踪管理（主要是对于bug 的管理，类似于禅道中的 bug 管理模块）、轻量敏捷项目管理来满足不同客户场景需要，适用于不同行业协作场景，满足任务协同，文档协作和沟通交流的场景所需，帮助团队可视化工作进展、沉淀分享项目知识、提升团队协作效率。提供贯穿敏捷研发生命周期的一站式服务，帮助团队提升研发效率，高质量交付成功产品。深度整合研发工具链，助力团队高效、可靠地构建与发布产品，快速交付用户价值。本书学习过程中希望读者可以熟练地掌握TAPD研发协作管理平台。

任务考评

姓名		完成日期	
序号	考核内容	标准分	评分
01	进入TAPD主界面，输入账号，登录成功	10	
02	进入一个新项目，邀请成员加入项目	10	
03	新增一项任务	10	
04	拖动任务到不同板块，完成部分任务	10	
05	切换界面，查看每个人的任务	10	
06	切换到文档界面	10	
07	切换到报表目录	10	
08	切换到工作台，查看个人情况	10	
09	切换到个人文档	10	
10	管理项目与团队成员	10	
	总评分	100	

任务总结：

任务实训

实训名称	熟悉并掌握TAPD的使用
实训描述	能够独立进行项目协作开发的平台操作
实训要求	(1) 完成TAPD中的任务； (2) 查看个人的任务
实训总结	

任务二　注册 CSDN 账号

任务描述

情境描述	部门领导在一次开会中强调：员工要养成记录意识、博客意识，也要善于积累。小明为了响应号召，查阅了相关资料。认为CSDN是一个能很好满足领导要求的平台，所以决定了解学习它。
任务分解	分析上面的工作情境，将任务分解如下： （1）进入CSDN官网； （2）创建账号； （3）选择感兴趣的领域。
任务准备	在任务开始的时候，首先需要根据需求创建账户，本任务主要完成账户创建，要保证手机号和邮箱的畅通，可以接收验证码和注册验证。 总而言之，在创建账户时，要满足以下要求： （1）手机号：一个常用或专用创建账户的手机号； （2）邮箱：主流邮箱都可以，如QQ邮箱、网易邮箱等。

任务目标

知识目标	掌握了解CSDN工具。
技能目标	能够在做项目时对遇到的问题和进展进行记录。
职素目标	细心与积累意识：在博客的书写过程中，养成细心记录的习惯，并在长期的记录中，积累自己的知识。

任务实现

下面通过具体操作步骤来讲解CSDN网站的基本界面和使用，包含官网地址、兴趣选择和基本界面。具体操作步骤如下。

步骤1： 打开CSDN网站。

单击“登录/注册”按钮，如图1-1-11所示。

图 1-1-11　CSDN 网站

步骤2： 注册登录。

一般用微信扫描注册登录，但也可以用其他的方法注册，如图1-1-12所示。

图 1-1-12　注册登录

步骤3： CSDN网站。

进入CSDN后，选择自己感兴趣的领域，如图1-1-13所示。

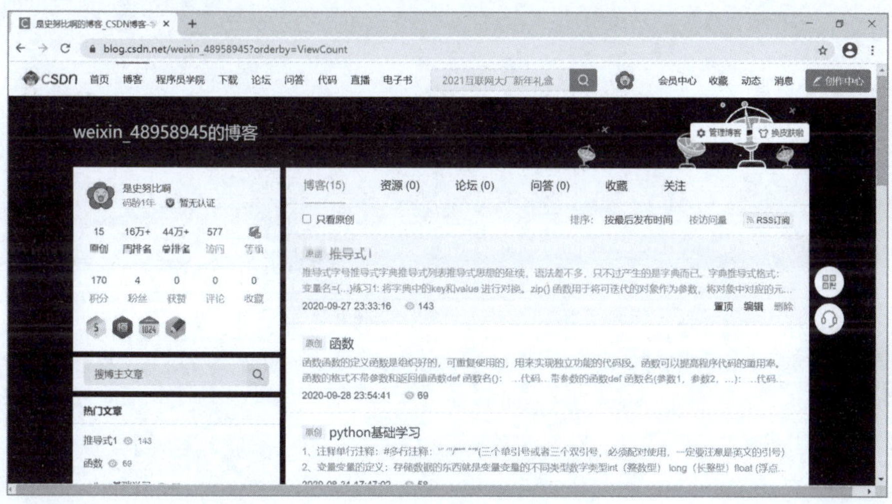

图 1-1-13　CSDN 网站

知识补充

CSDN是中国专业IT社区（Chinese Software Developer Network）的简称，是全球知名中文IT交流平台。CSDN创立于1999年，包含原创博客、精品问答、职业培训、技术论坛、资源下载等产品服务，提供原创、优质、完整内容的专业IT开发社区。致力于为中国软件开发者提供知识传播、在线学习、职业发展等全生命周期服务。CSDN是一个程序员聚集的网站，大家在网站上讨论编程相关的问题。

任务考评

姓名		完成日期	
序号	考核内容	标准分	评分
01	打开CSDN网站，单击“登录/注册”按钮	20	
02	用微信扫描注册登录	20	
03	尝试免密登录的方式进行注册	20	
04	输入正确的用户名和密码进入CSDN	20	
05	选择自己感兴趣的领域	10	
06	找到一篇博客，发表自己的评论	10	
总评分		100	

任务总结：

任务实训

实训名称	创建CSDN账号
实训描述	学会使用CSDN写博客
实训要求	学会使用CSDN网站写博客，并且每周发不少于1篇博客，并且可以熟练地使用CSDN，在日常的其他项目中查询所遇到不懂的问题或报出的错误
实训总结	

模块二 安装软件

模块一中介绍了安装敏捷协作平台 TAPD 与技术交流平台 CSDN 的基本使用，接下来介绍另外两个需要安装的软件，即 Git（版本控制工具）和 Unity（游戏开发的主要平台）。具体任务如下。

任务一 安装 Git 软件

任务描述

情境描述	李星通过对此产品的商业分析和市场分析，进行以下工作：Git的安装和Git基本使用。让小组可以有效、高速地进行项目版本管理。 看李星的反馈，如果李星发现两个开发者之间有冲突（他们之间可以合作解决的冲突），就会要求他们先解决冲突，然后再由其中一个人提交。如果李星可以自己解决，或者没有冲突，就通过。
任务分解	分析上面的工作情境，需要完成Git的安装与使用。
任务准备	在使用Git之前先进行Git软件安装。本任务主要进行的是Git的安装和创建。安装Git软件及使用之前，要满足以下要求： （1）Git的安装与配置SSH； （2）添加公钥到Gitee服务器； （3）熟悉Git的一些基本命令。

任务目标

知识目标	了解分布式版本控制系统，掌握Git的安装使用。
技能目标	能够独立进行项目开发的账号准备。
职素目标	耐心与严谨：在创建虚拟环境和项目的过程中，通过解决诸如环境变量配置错误、依赖包版本错误等问题，提高个人的耐心与严谨的作风。出现错误也能不急不躁，平静地找出问题所在并且修改错误。

任务实现

下面通过具体步骤讲解Git的安装和使用，首先从官网下载安装包，接着进行安装，按照步骤进行配置。安装Git的具体操作步骤如下。

步骤1: 下载Git软件。

打开Git官网，如图1-2-1所示，然后单击“Download”按钮，进行下载。

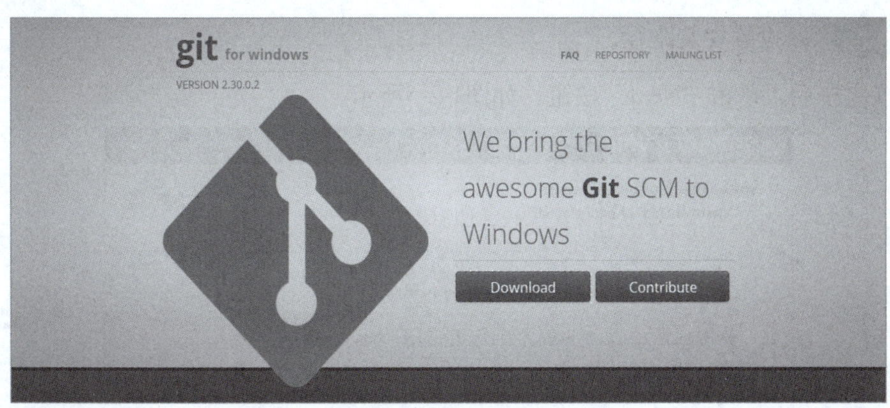

图 1-2-1 Git 下载界面

步骤2： 单击下载好的可执行文件进行安装。

在出现图1-2-2所示的对话框中单击“运行”按钮，在接着出现的对话框中单击“是”按钮，如图1-2-3所示。

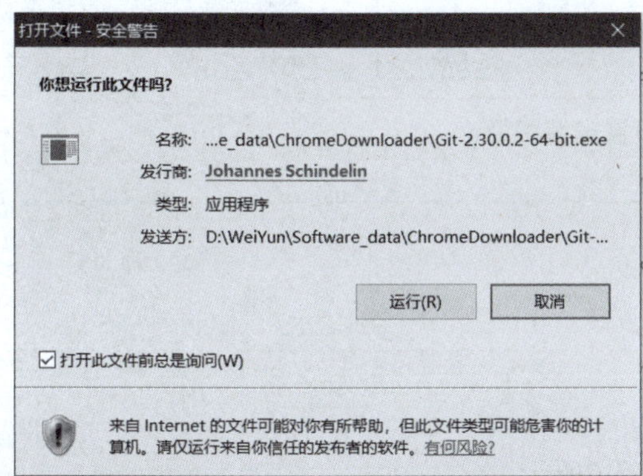

图 1-2-2 打开文件对话框

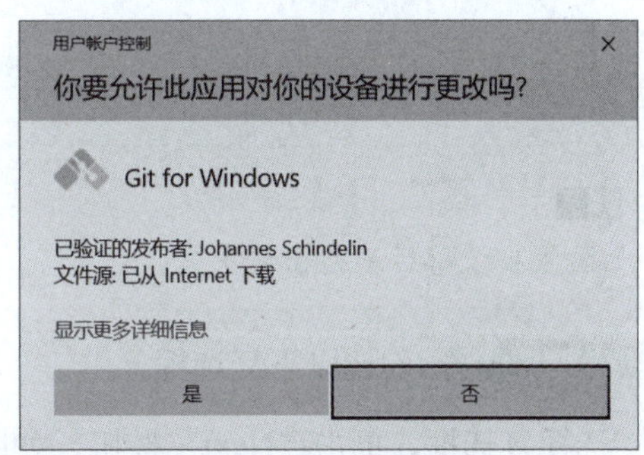

图 1-2-3 单击“是”按钮

步骤3： 安装界面。

在出现的安装界面上，单击“Next”按钮，如图1-2-4所示。

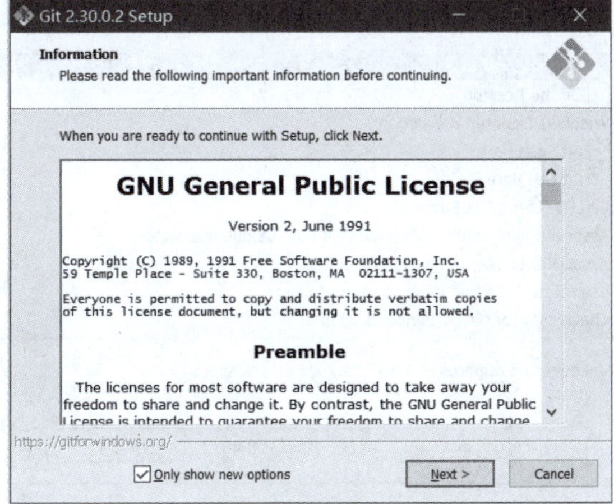

图 1-2-4 安装界面

步骤4: 设置安装路径。

设置完毕后，单击“Next”按钮，如图1-2-5所示。

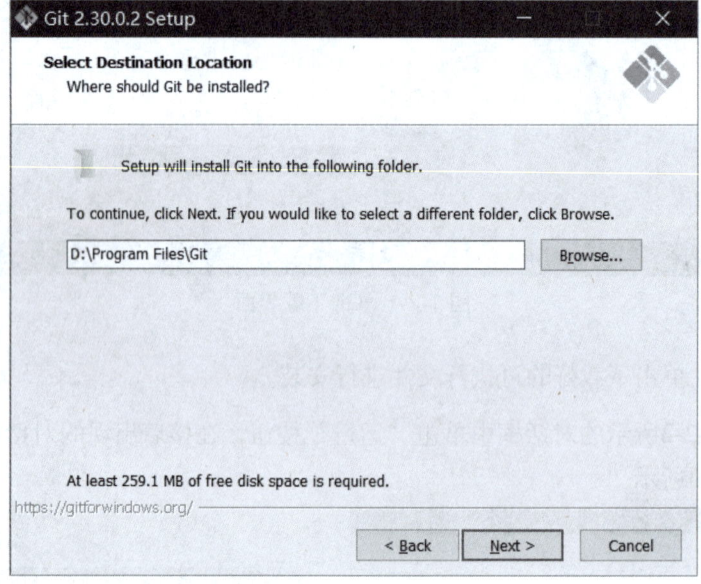

图 1-2-5　设置安装路径

注意:

设置安装路径不得出现中文。

步骤5: 勾选以下复选框。

选择复选框，单击“Next”按钮，如图1-2-6所示。

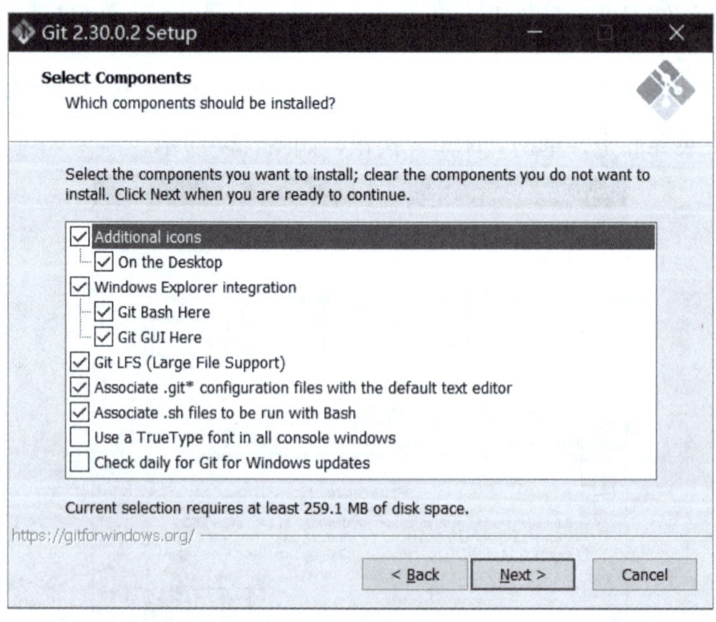

图 1-2-6　选择复选框

步骤6: 选择开始菜单文件夹。

此处就是默认文件夹，单击“Next”按钮，如图1-2-7所示。

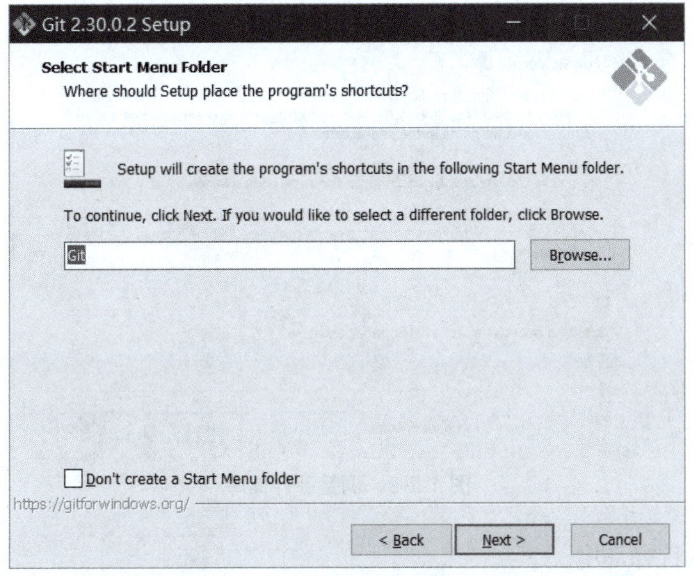

图 1-2-7 选择开始菜单文件夹

步骤7: 选择Git编辑器。

根据自己的需求选择编辑器，一般默认选择Vim的方式，单击“Next”按钮，如图1-2-8所示。

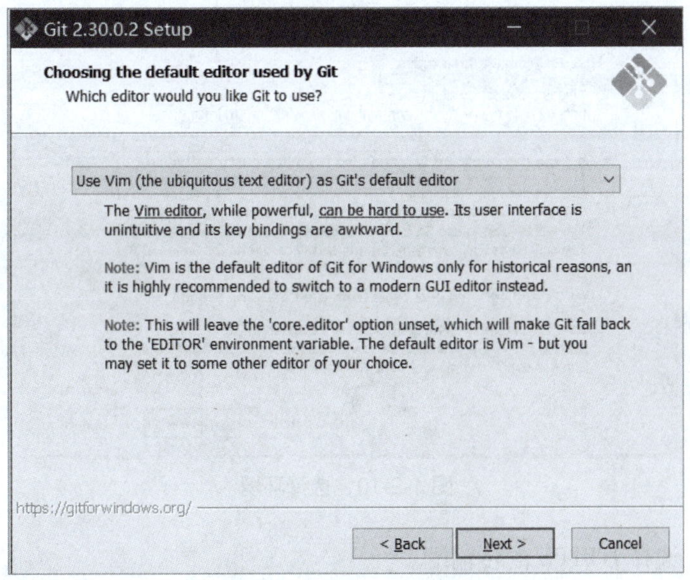

图 1-2-8 选择 Git 编辑器

步骤8: 调整新存储库。

调整初始分支的名称，选择“Let Git decide”单选按钮，单击“Next”按钮，如图1-2-9所示。

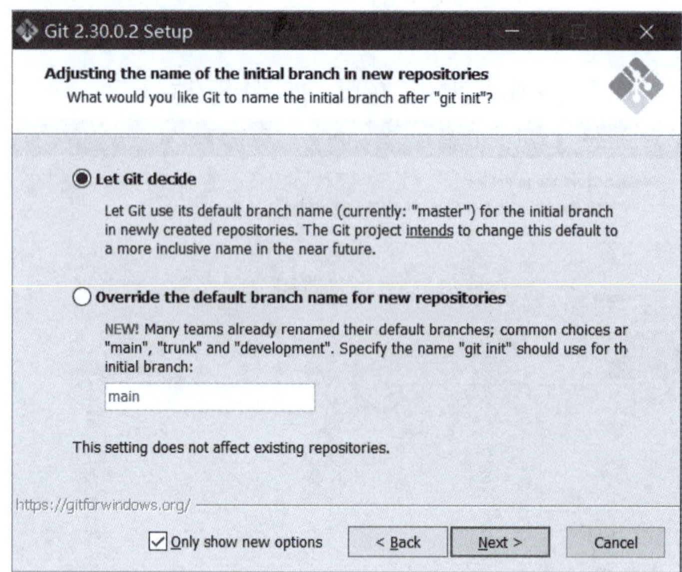

图 1-2-9　调整新存储库

步骤9： 选择环境。

选择Git的执行环境路径。选择“Git from the command line and also from 3rd-party Software”单选按钮，然后单击“Next”按钮，如图1-2-10所示。

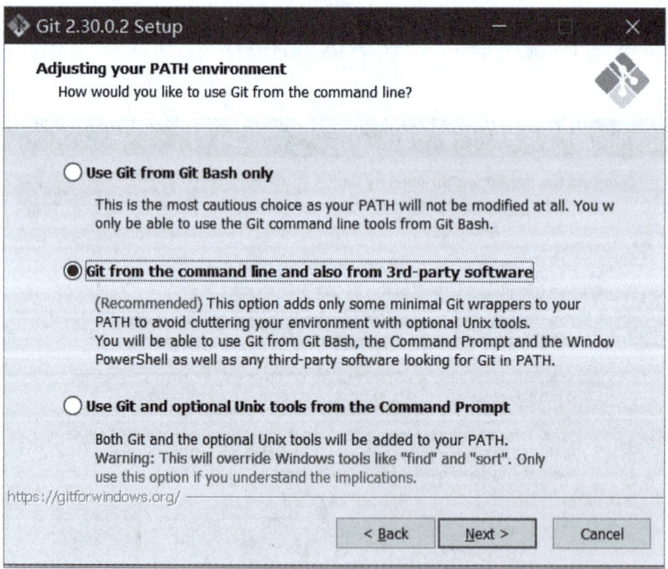

图 1-2-10　选择环境

步骤10： 选择 HTTPS 的传输端。

默认选择“Use the OpenSSL library”单选按钮，单击“Next”按钮，如图1-2-11所示。

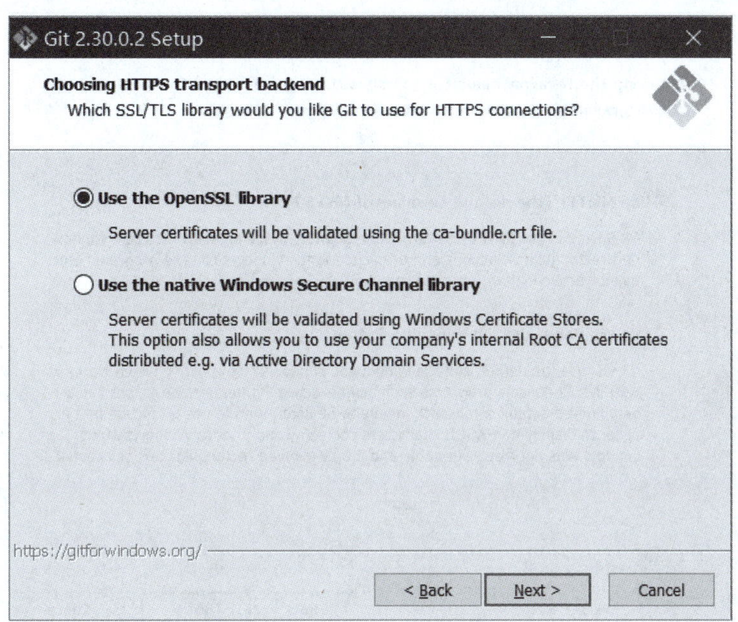

图 1-2-11 选择 HTTPS 的传输端

步骤11: 配置行尾转换。

选择“Checkout windows-style，Commit Unix-style line endings”单选按钮，单击“Next”按钮，如图1-2-12所示。

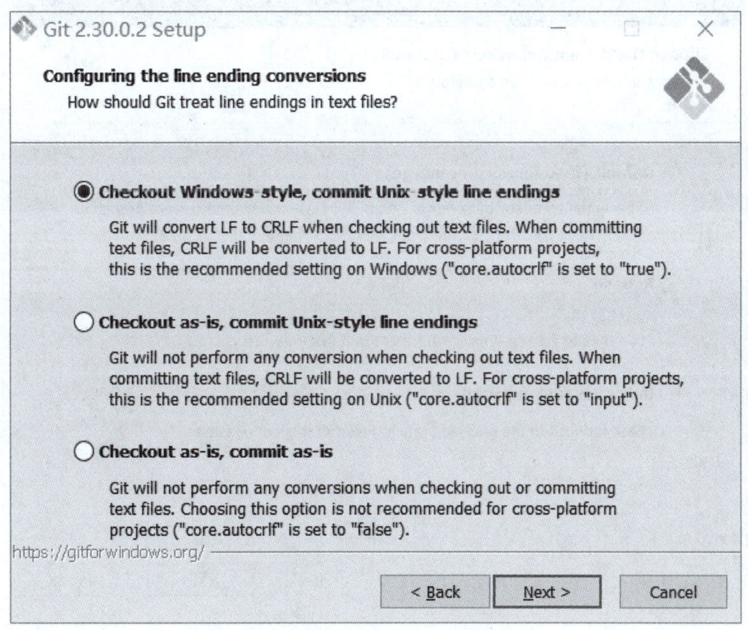

图 1-2-12 配置行尾转换

步骤12: 配置Git终端。

选择“use MinTTY”单选按钮，单击“Next”按钮，如图1-2-13所示。

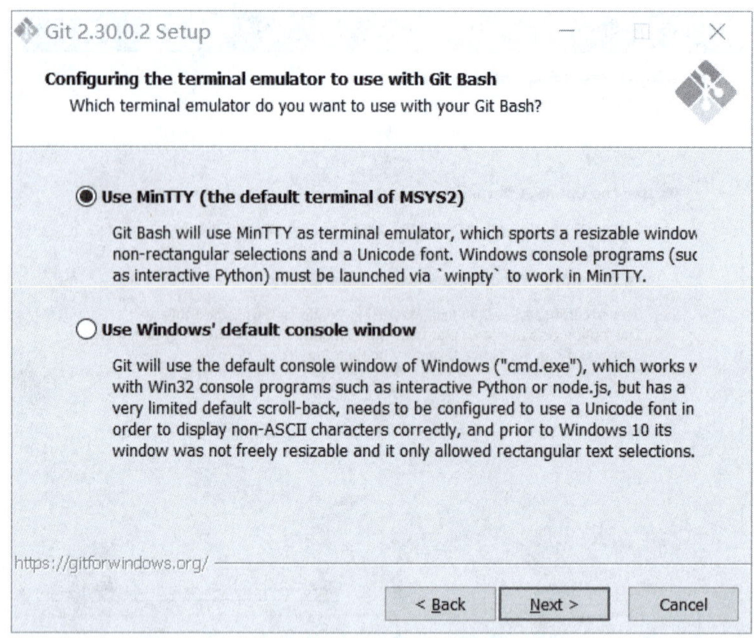

图 1-2-13　配置 Git 终端

步骤13： 选择git pull 的方式。

选择“Default”单选按钮，单击“Next”按钮，如图1-2-14所示。

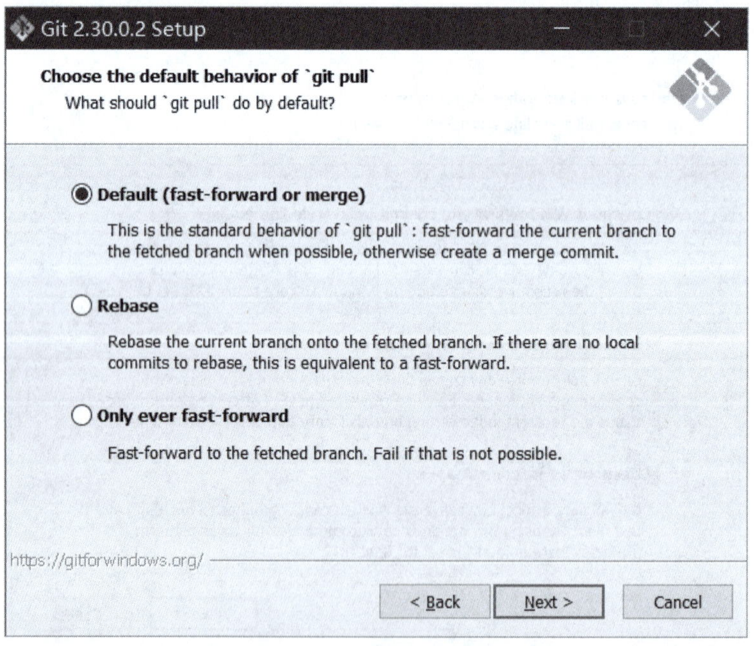

图 1-2-14　选择 git pull 的方式

步骤14： 选择Git凭据管理器。

选择“Git Credential Manager Core”单选按钮，单击“Next”按钮，如图1-2-15所示。

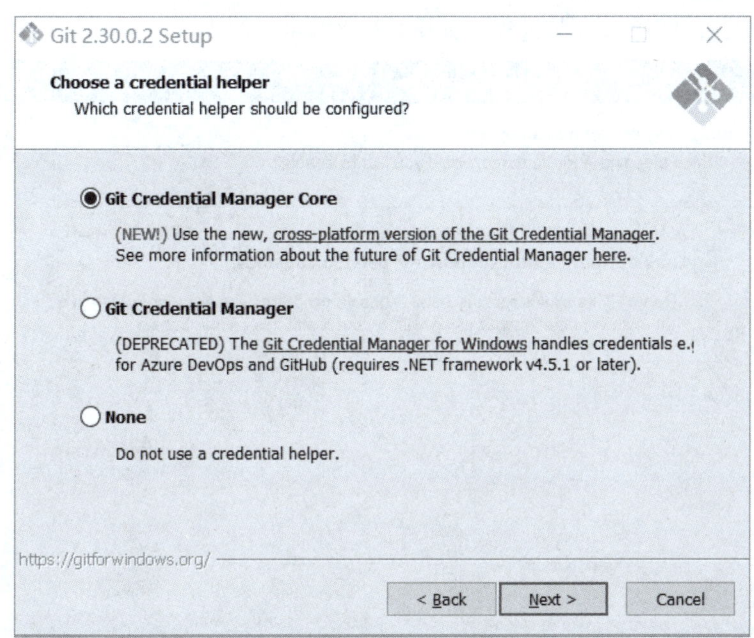

图 1-2-15　选择 Git 凭据管理器

步骤15： Git的额外配置。

此处选择“Enable file system caching”复选框，直接单击“Next”按钮，如图1-2-16所示。

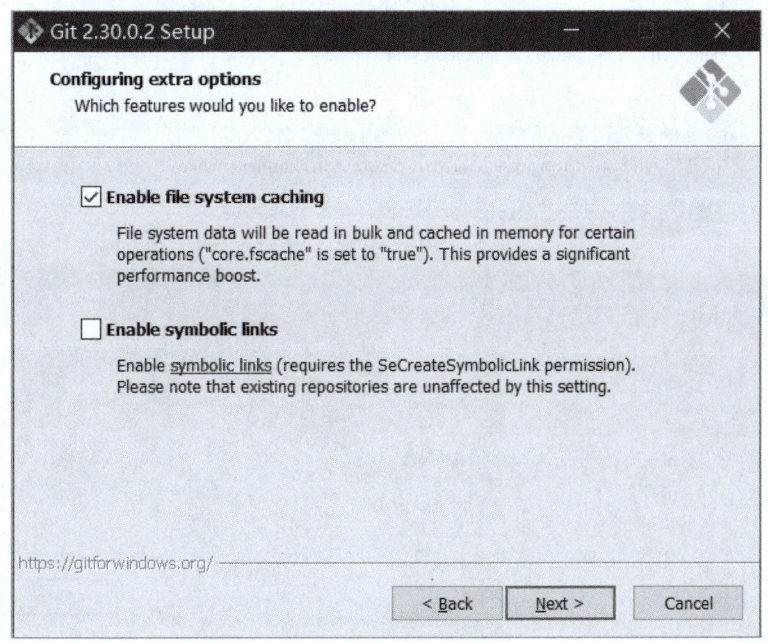

图 1-2-16　Git 的额外配置

步骤16： 配置测试选项。

选择“ Enable experimental support for pseudo consoles”复选框，如图1-2-17所示。单

击“Install”按钮，即进入安装过程，如图1-2-18所示。

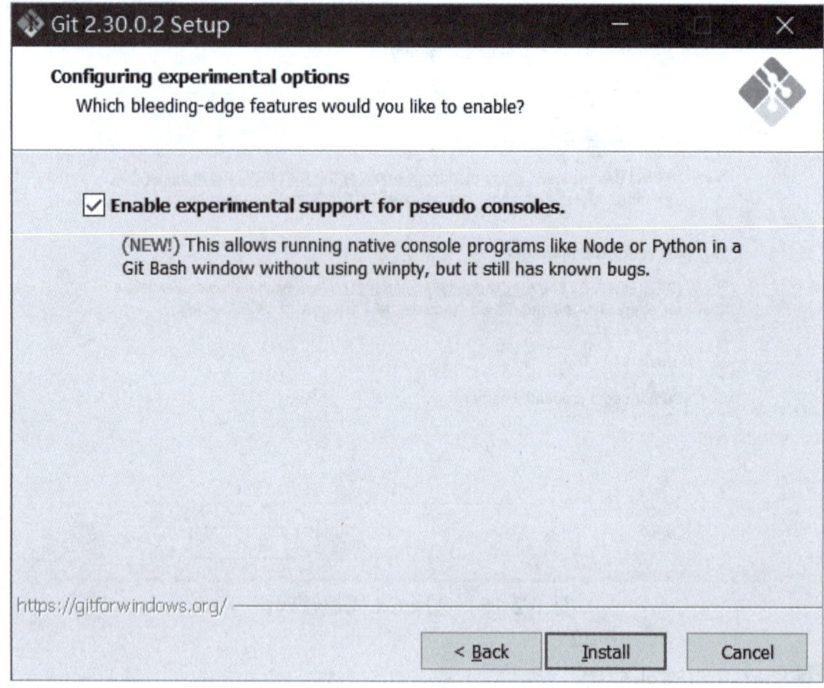

图 1-2-17　配置测试选项

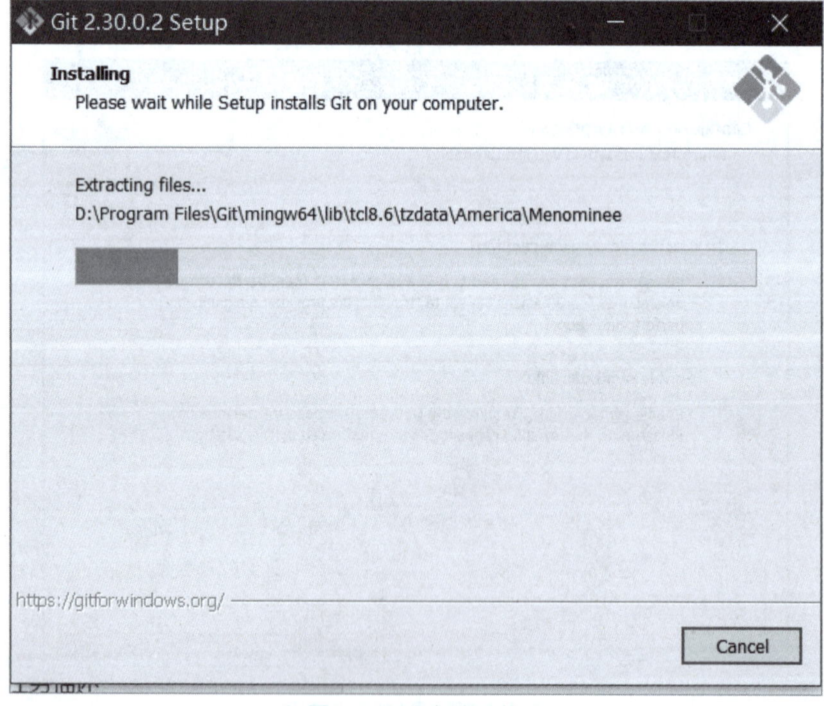

图 1-2-18　安装过程

完成安装。

取消“View Release Notes”复选框，单击“Finish”按钮，如图1-2-19所示。

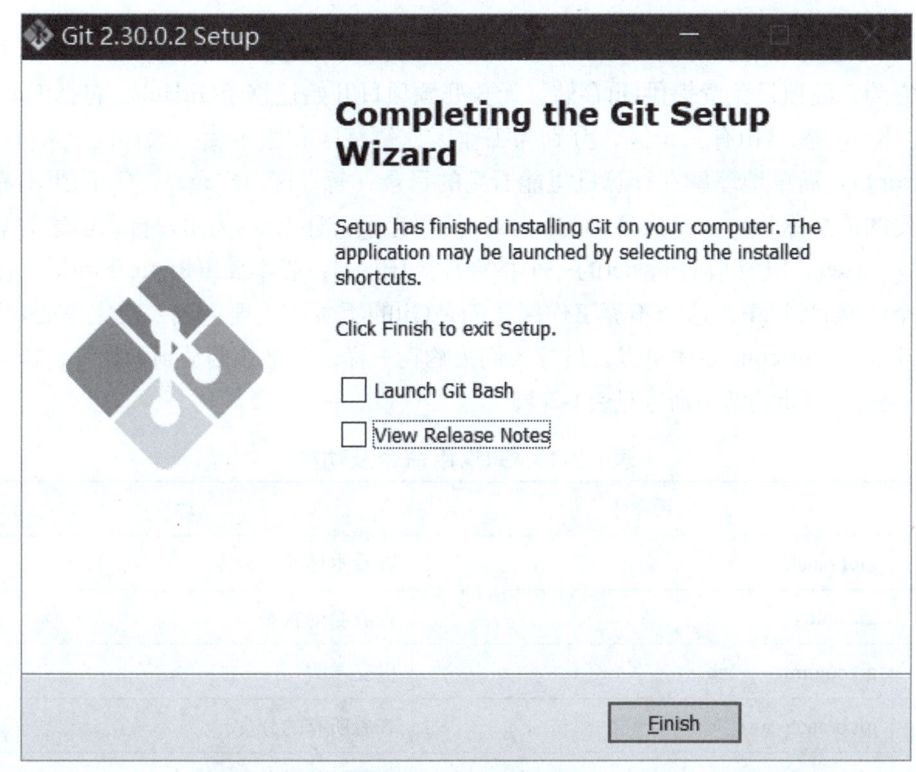

图 1-2-19　安装完成

这样就完成了Git软件的安装工作。

知识补充

Git版本控制工具。Git是一款免费、开源的分布式版本控制系统，用于敏捷高效地处理任何或小或大的项目。Git诞生于2005年，由Linux之父Linus所开发的，是市场上比较主流的版本管理。Git具有分布式功能优势，只需要拥有一个自己的版本库，无须连接网络就能进行工作，大大提高了工作效率。版本控制是一种用于记录随时间文件或文件集更改，以便于能够在后续工作中重调指定版本的系统。

Git发展历史。Linux内核开源项目参与人数众多。绝大多数的Linux内核维护工作都花在了提交补丁和保存归档的烦琐事务上；到2002年，整个项目组开始启用一个专有的分布式版本控制系统BitKeeper来管理和维护代码。到了2005年，开发BitKeeper的商业公司同Linux内核开源社区的合作关系结束，终止了Linux 内核社区免费使用BitKeeper的权力。这就迫使Linux开源社区（特别是Linux的缔造者Linus Torvalds）开发出自己的版本系统。新的版本系统制定的目标：速度；简单的设计；对非线性开发模式的强力支持（允许成千上万个并行开发的分支）；完全分布式；有能力高效管理类似Linux内核一样的超大规模项目（速度和数据量）。Git日臻成熟完善，在高度易用的同时，仍然保留着初期设置的目标。它的速度飞快，极其适合管理大项目，有着令人难以置信的非线性分支管理系统。

Git迅速成为最流行的分布式版本控制系统，尤其是2008年，GitHub网站上线了，它为开源项目免费提供Git存储，无数开源项目开始迁移至GitHub，包括jQuery、PHP、Ruby等。Git有三个区，分别为工作区、暂存区和版本库。工作区（Working Directory）：简单地理解在计算机里能看到的目录；暂存区（Stage）：Git的版本库里最重要的就是称为stage（或者称为index）的暂存区，还有Git为用户自动创建的第一个分支master，以及指向master的一个指针称为HEAD；版本库（Repository）工作区有一个隐藏目录.git，这个不算工作区，而是Git的版本库。要完成一次完整的提交，需要git add->git commit才可以，就像人们去购物一样，先把东西放到购物车，再去结账是一样的。Git的常用命令见表1-2-1。

表1-2-1　Git常用命令及功能

序号	常用命令	功能
1	git branch	查看本地所有分支
2	git status	查看当前状态
3	git commit	提交
4	git branch -a	查看所有的分支
5	git branch -r	查看远程所有分支
6	git commit-am "init"	提交并且加注释
7	git push origin master	将文件给推到服务器上
8	git remote show origin	显示远程库origin里的资源
9	git push origin master:hb-dev	将本地库与服务器上的库进行关联
10	git checkout--track origin/dev	切换到远程dev分支
11	git branch -D master develop	删除本地库develop
12	git checkout -b dev	建立一个新的本地分支dev
13	git merge origin/dev	将分支dev与当前分支进行合并
14	git checkout dev	切换到本地dev分支
15	git remote show	查看远程库

任务考评

姓名		完成日期	
序号	考核内容	标准分	评分
01	打开Git官网，进行下载，下载完成后单击可执行文件进行安装	10	
02	出现安装页面后，单击“Next”按钮，选择安装路径，选择复选框	5	
03	选择开始菜单文件夹，此处默认，选择编译器同样默认	5	
04	调整新存储库中初始分支的名称，选择“Let Git decide”单选按钮	15	
05	选择 Git 的执行环境路径，选择“Git from the command line and also from 3rd-party Software”单选按钮	15	
06	选择 HTTPS 的传输端，选择默认；配置 Git 终端，选择默认；配置行尾转换，选择默认	15	
07	选择git pull 的方式，选择默认；选择Git凭据管理器，选择默认；Git的额外配置，选择默认	15	
08	配置测试选项，此处选择“Enable experimental support for pseudo consoles”复选框，单击“Install”按钮，等待安装成功即可	20	
总评分		100	

任务总结：

任务实训

实训名称	Git的下载、安装与使用
实训描述	熟悉并掌握Git的下载、安装与使用，能够独立进行项目开发的账号准备
实训要求	需要了解Git的使用方法，并且有能力用到自己日常的项目当中
实训总结	

任务二 安装 Unity 软件

任务描述

情境描述	在项目经理A安排下，大家已经成功安装Git，可以在任务中来保存代码、TAPD布置任务、CSDN来写笔记，现在需要对开发工具进行选择。A决定使用Unity来进行游戏的开发，并将Unity的版本进行了严格控制。
任务分解	分析上面的工作情境，将任务分解如下： （1）下载Unity软件； （2）熟悉Unity界面。
任务准备	在任务开始的时候，需要对软件进行下载。可以访问Unity官网，并熟悉网站界面。能够找到并下载UnityHub。

任务目标

知识目标	掌握UnityHub平台的下载及使用。熟练使用Unity的不同版本。
技能目标	（1）能够熟练地下载UnityHub； （2）能够熟练地掌握UnityHub平台的使用方式； （3）能够在该平台上下载开发所需要的Unity版本； （4）熟练地管理和使用不同版本的Unity。
职素目标	耐心与严谨：在下载UnityHub平台及Unity的过程中，遇到的各种安装路径报错，版本不符的问题，能提高个人的耐心与严谨的作风。

任务实现

下面通过具体操作步骤来讲解Unity软件的下载和安装，游戏开发部分主要是依赖这个软件。先下载UnityHub，再通过该平台来下载各个版本的Unity。安装Unity的注意事项，在最后一个步骤介绍了基本界面的各个按钮功能。具体操作步骤如下。

步骤1： 下载Unity软件。

（1）官网下载UnityHub。在UnityHub上注册登录账号，选择安装界面，如图1-2-20所示。

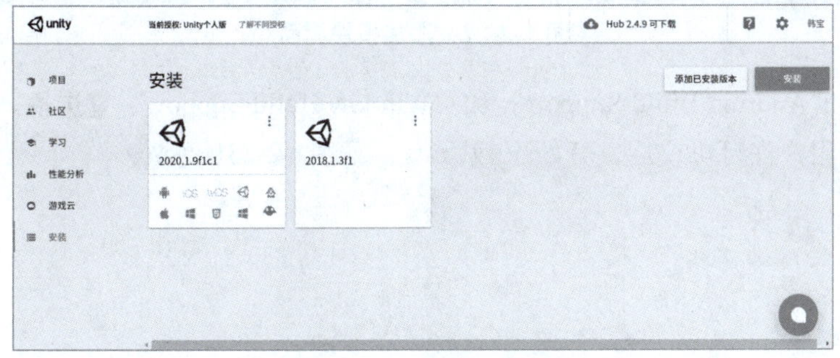

图 1-2-20 选择安装界面

（2）单击安装按钮。获取各个版本的Unity，如图1-2-21所示。

图 1-2-21 获取各个版本的 Unity

（3）添加模块。选择相应版本的Unity，进入添加模块界面，如图1-2-22所示。

图 1-2-22 添加模块界面

（4）选择“Android Build Support”和“Window Build Support”复选框。选择同意用户许可协议后，开始下载Unity，如图1-2-23所示。

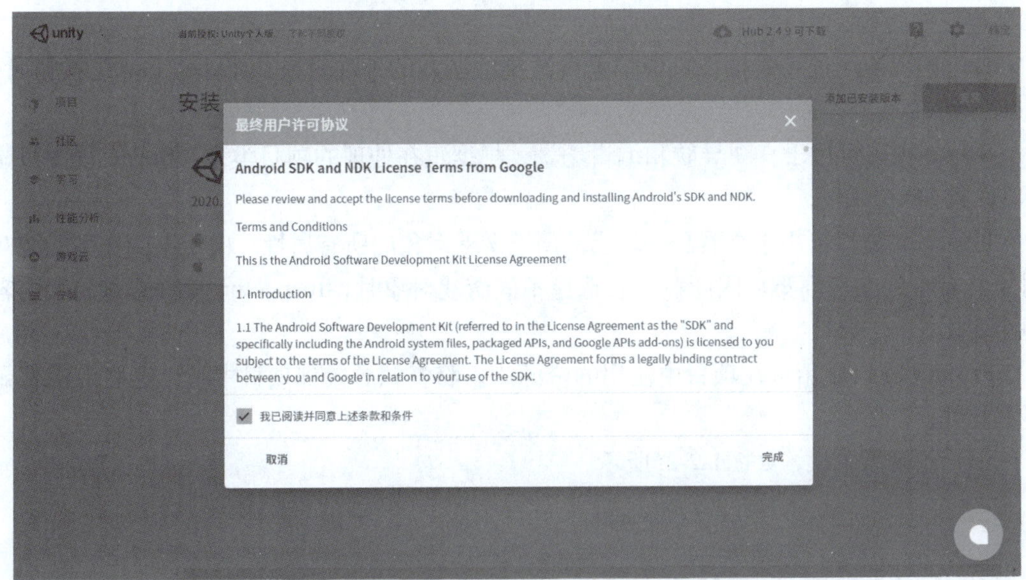

图 1-2-23 安装 Unity

步骤2: 熟悉Unity界面。

（1）了解Unity主界面，如图1-2-24所示

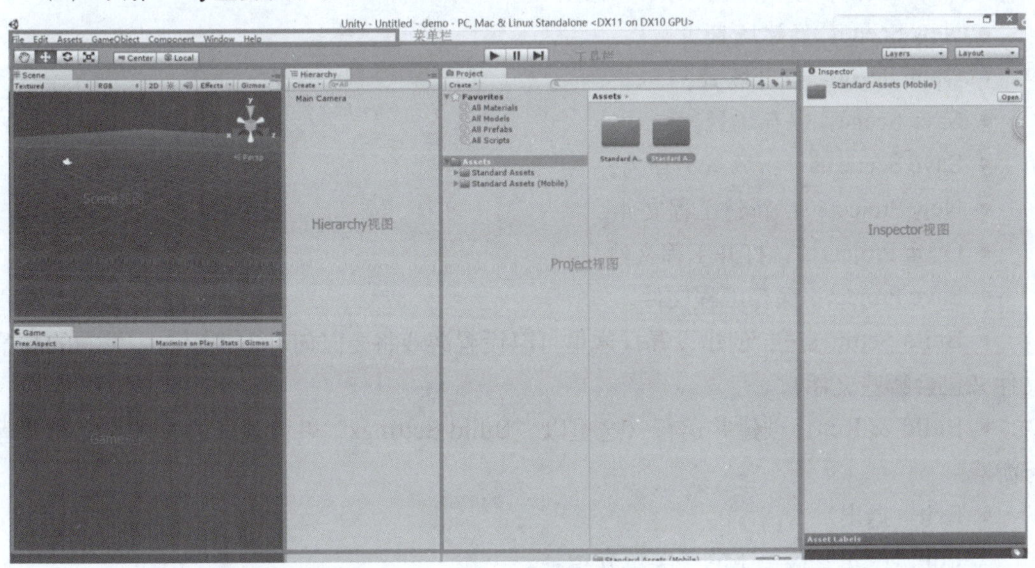

图 1-2-24 Unity 主界面

工具栏提供最基本的工作功能。左侧包含用于操作 Scene 视图及其中游戏对象的基本工具。中间是播放、暂停和步进控制工具。右侧的按钮用于访问 Unity Collaborate、Unity 云服务和 Unity 账户，然后是层可见性菜单，最后是 Editor 布局菜单（提供一些备选的 Editor 窗口布局，并允许保存自定义布局）。

Hierarchy 窗口是场景中每个游戏对象的分层文本表示形式。场景中的每一项都在层级视图中有一个条目，因此这两个窗口本质上相互关联。层级视图显示了游戏对象之间相互连接的结构。

Game 视图通过场景摄像机模拟最终渲染的游戏的外观效果。单击“Play”按钮时，模拟开始。

Scene 视图可用于直观导航和编辑场景。根据正在处理的项目类型，Scene 视图可显示 3D 或 2D 透视图。

Inspector 窗口可用于查看和编辑当前所选游戏对象的所有属性。由于不同类型的游戏对象具有不同的属性集，因此在每次选择不同游戏对象时，Inspector 窗口的布局和内容也会变化。

Project 窗口显示可在项目中使用的资源库。将资源导入到项目中时，这些资源将显示在此处。

（2）了解菜单栏，如图1-2-25所示。

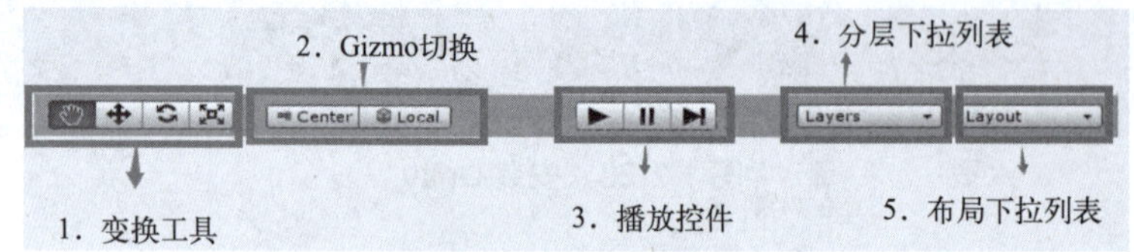

图 1-2-25　菜单栏

① File（文件）菜单下的子菜单介绍：

- New Scene：新建场景。
- Open Scene：打开场景。
- Save Scene：保存场景。
- Save Scene as…：场景另存为。
- New Project…：新建工程文件。
- Open Project…：打开工程文件。
- Save Project：保存工程文件。
- Build Settings…：创建设置（这里可以设置游戏将要以何种方式发布，发布的场景文件又包含哪些文件）。
- Build & Run：创建并运行（这里以“Build Settings”里设置好的方式，发布并运行游戏）。
- Exit：退出。

② Edit（编辑）菜单下的子菜单介绍：

- Undo：撤销上一步操作。
- Redo：恢复被撤销的操作。
- Cut：剪切。
- Copy：复制。
- Paste：粘贴。
- Duplicate：复制。
- Delete：删除。

- Frame Selected：在编辑场景中最大化显示被选中的物体。
- Select All：全选编辑面板中的所有物体。
- Preferences…：首选参数设置。
- Play：播放（如果游戏已经开始播放，单击此按钮代表停止播放）。
- Pause：暂停。
- Step：逐帧播放游戏。
- Load selection：载入所选（与“Save selection”【存储所选】联合使用，可以理解为一个临时的快捷键，可以快速地找到特定的已被存储的物体对象）。
- Save selection：存储所选（与“Load selection”联合使用，可以理解为一个临时的快捷键，可以快速地找到特定的已被存储的物体对象）。
- Project Settings：工程文件设置（包含了该工程项目的“Input”（热键）、“Tags”（标签管理）、“Audio”（音频设置）、“Time”（时间设置）、“Player”（播放器设置）、“Physics”（默认仿真物理设置）、“Quality”（播放质量参数设置）、“NetWork”（网络工作参数设置）、“Editor”（编辑器设置）、“Script Execution Order”（脚本编译顺序设置））。
- Render settings：渲染设置（默认渲染参数设置，包括环境光、周围的雾化程度、环境颜色等一系列参数的设置）。
- Network emulation：网络仿真（由于你制作的游戏将会在不同的网络环境中工作，所以需要这个参数来模拟不同的网络工作环境）。
- Graphics emulation：图形卡仿真（由于制作的游戏将会在不同的图形卡环境中工作，所以需要这个参数来模拟不同硬件条件下的游戏显示质量）。
- Snap settings：捕捉设置（和 3ds Max 的“栅格和捕捉设置”类似）。

③ Assets（资源）菜单下的子菜单介绍：

- Create：创建。
- Show in Explore：显示项目资源所在的文件夹。
- Open：打开选中的资源。
- Delete：删除选定资源。
- Import New Asset…：导入新的资源。
- Import Package…：导入资源包。
- Export Package…：导出资源包。
- Select Dependencies：选择相关联的文件。
- Export compressed audio file…：导出压缩的音频文件。
- Refresh：刷新。
- Reimport：重新导入选中的资源。
- Reimport All：重新导入所有的资源文件。

④ GameObject（游戏对象）菜单下的子菜单介绍：

- Create Empty：创建空的游戏对象。
- Create Other：创建其他组件（包含了“Particle System”（粒子系统）、“Camera”（摄像机）、“GUI Text”（图形用户界面文本）、“GUI Texture”（图形用户界面图片）、“3D

Text”（3D 文字）、“Directional Light”（平行光）、“Point Light”（点光源）、“Spotlight”（聚光灯）、“Cube”（立方体）、“Sphere”（球）、“Capsule”（胶囊）、“Cylinder”（圆筒）、“Plane”（平面）、“Cloth”（布料）、“Audio Reverb Zone”（声音回响区域）、“Ragdoll…”（布娃娃系统）、“Tree”（植被树系统）、“Wind Zone”（风的区域））。

- Center On Children：归位到子物体中心点。
- Make Parent：创建父集（必须选择两个以上的物体才能使用该命令，最先被选中的物体为父级对象，其余的对象都为该对象的子集）。
- Clear Parent：取消父集（取消被选中物体与它上一个父级之间的父子级关系）。
- Apply Changes To Prefab：改变影响预制物体（如果在场景中编辑的物体是从资源面板拖动出的预制物体，默认情况下，在场景面板中对物体做出的改变不会影响原先的预制物体，除非单击该按钮）。
- Move To View：移动物体到“Scene”视窗的中心点。
- Align With View：移动物体到“Scene”视窗的中心点，并且与显示口正对齐，物体中心位于显示口的中心点。
- Align View to Selected：移动“Scene”视窗与物体对齐，并且显示口的中心点位于物体的中心。

⑤ Component（组件）菜单下的子菜单介绍：

- Mesh ：网格（“Mesh Filter”（网格填充）、“Text Mesh”（文字网格）、“Mesh Renderer”（网格渲染）、“Combine Children”（合并子物体））
- Effects：特效。
- Physics：物理系统（可使物体带有对应的物理属性）。
- Physics 2D：物理2D系统。
- Navigation：导航。
- Audio：音频（可创建声音源和声音的接收者）。
- Video：视频。
- Rendering：渲染。
- Tilemap：图类。
- Layout：布局。
- Particles：粒子系统（能打造出非常棒的流体效果，是制作烟雾、激光、火焰等效果的首选。“Ellipsoid Particle Emitter”（椭球粒子发射器），“Mesh Particle Emitter”（面片粒子发射器），“Particle Animator”（粒子动画），“World Particle Collider”（世界粒子碰撞机），“Particle Renderer”（粒子渲染器），“Trail Renderer”（蔓延渲染））。
- Miscellaneous：杂项。
- Analytics：分析。
- Scripts：脚本（Unity 内置的一些功能很强大的脚本）。
- Event：事件。
- Network：网络。
- Image Effects：图形渲染效果（仅限专业版）。

⑥ Window（窗口）菜单下的子菜单介绍：

- Next Window：下一个窗口。
- Previous Window：前一个窗口。
- Layouts：布局。
- Vuforia Configuration：VR窗口。
- Package Manager：包管理窗口。
- Services：服务窗口。
- Scene：场景窗口。
- Game：游戏窗口。
- Inspector：监视窗口（这里主要指各个对象的属性）。
- Hierarchy：层次窗口。
- Project：项目文件窗口。
- Animation：动画窗口（用于创建时间动画的面板）。
- Profiler：性能探测窗口。
- Asset Store：资源商店。
- Asset Mixer：资源混合器。
- Animator：动画状态机。
- Animator Parameter：动画状态机参数。
- Sprite Packers：精灵包装。
- Experimental：测试。
- Holographic Emulation：全息仿真。
- Tile Palette：瓦板。
- Test Runner：测试运行窗口。
- Timeline：时间线。
- Lighting：灯光视图窗口。
- Occlusion Culling：遮挡剔除窗口。
- Frame Debugger：调试器框架。
- Navigation：导航。
- Physics Debugger：物理调试器。
- Console：控制台。

⑦ Help（帮助）菜单下的子菜单介绍：

- About Unity…：关于 Unity。
- Enter serial number…：输入序列号。
- Unity Manual：Unity 手册。
- Reference Manual：参考手册。
- Scripting Manual：脚本手册。
- Unity Services：Unity服务。
- Unity Forum：Unity 论坛。

- Unity Answers：Unity 在线答疑。
- Unity Feedback：Unity 使用信息反馈。
- Welcome Screen：欢迎窗口。
- Check for Updates：查看升级。
- Download Beta：下载。
- Release Notes：发行说明。
- Report a bug：软件缺陷反馈。

知识补充

Unity是由Unity Technologies开发的一个让玩家轻松创建诸如三维视频游戏、建筑可视化、实时三维动画等类型互动内容的多平台的综合型游戏开发工具，是一个全面整合的专业游戏引擎。其编写的游戏程序可发布至Windows、Mac、Wii、iPhone、WebGL（需要HTML5）、Windows Phone 8和Android平台。也可以利用Unity Web Player插件发布网页游戏，支持Mac和Windows的网页浏览。它的网页播放器也被Mac所支持。

Unity是游戏开发领域最轻量级的开发工具，入门简单，界面简单，安装、调试、发布都非常方便，语言采用C#或者JavaScript作为脚本语言，学习成本低（.net开发人员可以很容易转行过来），官方的文档相当完善，并且给出了相对的demo。具有专门的Asset Store，社区活跃且有相当多的资源可供下载，开发效率高。

对于游戏开发或者AR开发的入门者，Unity是一个非常不错的入门工具，初级游戏开发或者AR开发，学习Unity就可以了。但是，开发高端领域的游戏，虚幻4或者OSG则是必须要学习掌握的。

技巧：

选择“Edit”→“shortcuts”命令可查看基本操作的快捷键，也可自己设置快捷键。

任务考评

姓名		完成日期	
序号	考核内容	标准分	评分
01	访问Unity官网，下载UnityHub	20	
02	在UnityHub注册登录账号	20	
03	安装各个版本的Unity，并且了解模块添加界面	30	
04	并且选择对应的模块，成功下载Unity	10	
05	熟悉Unity主界面	10	
06	熟悉菜单栏	10	
总评分		100	

任务总结：

任务实训

实训名称	下载UnityHub平台不能直接下载的Unity版本
实训描述	了解如何结合Unity官网来下载之前的旧版本
实训要求	完成Unity的安装
实训总结	

单元二

见缝插针项目

项目导航

本单元内容主要包含4个模块共计11个任务，通过学习和实践创建工程和场景、开发旋转的小球、设计和开发针、控制分数和游戏结束动画的显示等，了解和掌握开发2D游戏的思路、设计、实现步骤、调试运行等，学生能顺利完成见缝插针游戏，为下一步开发综合游戏打下良好的基础。

视频

项目演示

知识目标

◎掌握Input类的用法

◎理解C#基本语法结构、代码格式化和注释

◎掌握NavMesh地图的设置

◎属性UGUI的Button、Image用法

◎掌握UI处理用户界面

能力目标

◎能够利用键盘和鼠标完成对主角的操控

◎能够利用代码控制数据的更新和条件判定

◎能够创建机器人作为敌人

◎能够使用UI处理用户输入

模块一 创建工程和场景

视频

场景的搭建

在 Unity 游戏开发中，创建工程和场景开发是游戏开发的主要工作。每个游戏都应该有自己独立的工程代码，这样可以方便开发过程。本游戏涉及一个场景，而这一个场景中包含了多个游戏对象，其中某些对象还被附加了特定功能的组件，接下来将对这两部分进行介绍。

任务一 创建项目

任务描述

情境描述	程序员B接到的第一个任务就是进行游戏开发的前期基础准备工作。创建游戏项目。
任务分解	分析上面的工作情境，将任务分解如下： （1）创建工程和场景； （2）创建项目文件夹。
任务准备	在任务开始的时候，需要对Unity对应版本进行下载。通过UnityHub来打开该软件。

任务目标

知识目标	熟悉Unity创建工程和文件夹的过程。
技能目标	（1）熟悉创建项目的过程； （2）在项目中创建文件夹。
职素目标	工程意识：在开发过程中，对待开发项目应建立对应的项目文件夹，以工程的思维来管理一个开发项目。

任务实现

下面通过具体步骤来讲解使用Unity 2018.4.0f1创建项目的过程。

步骤1： 创建项目。

打开Unity（版本2018.4.0f1为例），创建一个2D项目，名称自拟，如图2-1-1所示。

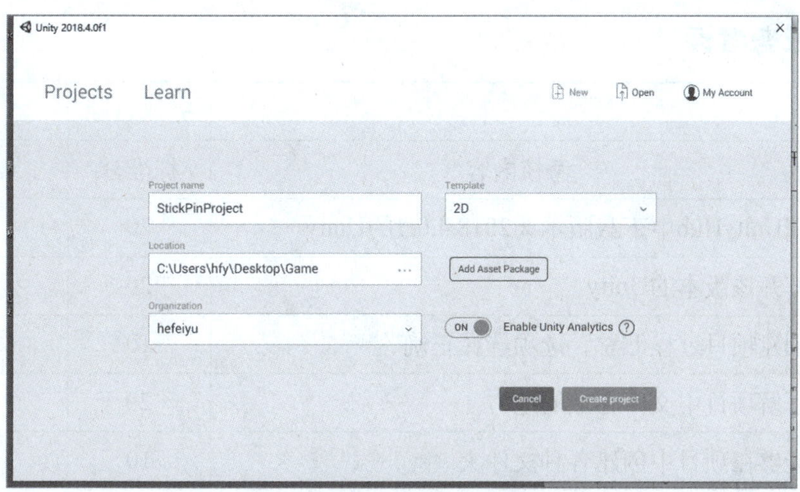

图 2-1-1　创建项目

步骤2： 创建文件夹。

创建文件夹存放图片、预设体、场景和脚本，如图2-1-2所示。

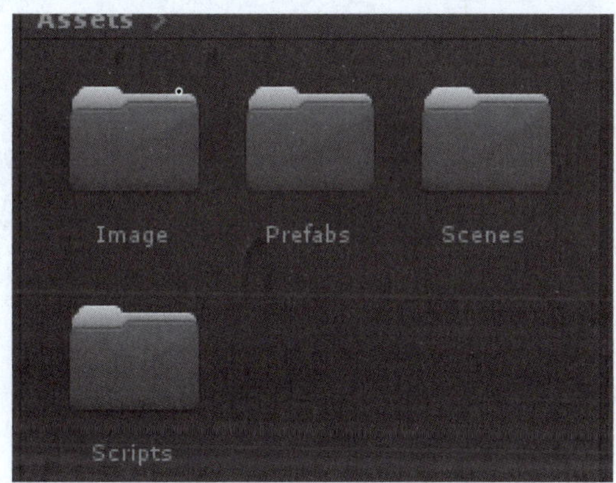

图 2-1-2　创建文件夹

学习笔记

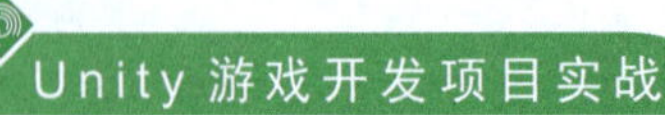

任务考评

姓名		完成日期	
序号	考核内容	标准分	评分
01	在UnityHub中下载版本为2018.4.0f1的Unity	20	
02	打开该版本的Unity	20	
03	创建项目过程汇总，选项选择正确	10	
04	了解项目中文件存放的地方	20	
05	能够在项目中创建各种文件夹	10	
06	了解各个文件夹的基本作用	20	
总评分		100	

任务总结：

任务实训

实训名称	打开其他版本Unity，创建对应的项目和项目文件夹
实训描述	了解项目创建过程和文件夹如何创建
实训要求	掌握Unity创建项目的流程、素材的导入； 创建Unity项目； 导入素材包
实训总结	

任务二 创建场景

任务描述

<table>
<tr><td>情境描述</td><td>程序员C接到的任务是在已有项目基础上创建场景，这对于游戏开发来说是至关重要的一步。所以程序员C决定好好了解一下如何来创建一个场景。</td></tr>
<tr><td>任务分解</td><td>分析上面的工作情境，将任务分解如下：
（1）创建场景；
（2）导入资源包；
（3）分数的创建；
（4）使球能够旋转。</td></tr>
<tr><td>任务准备</td><td>导入资源包：
（1）准备好学习需要的资源包，可以到http://www.tdpress.com/51eds/下载。
（2）开始导入资源包，如图2-1-3所示。
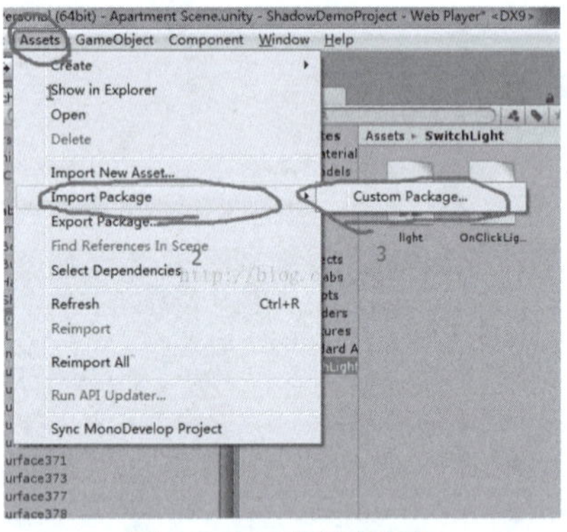

图 2-1-3　选择资源包
（3）选择下载好的.unitypackage文件。
position属性将元素放置到一个静态的、相对的、绝对的或固定的位置中。
给物体添加组件：
（1）选择对应的物体，然后在Inspector列表下方单击添加组件的按钮，如图2-1-4所示。
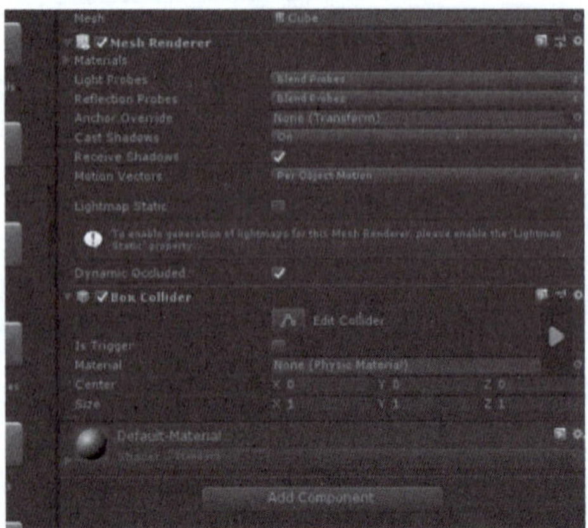

图 2-1-4　单击添加组件按钮</td></tr>
</table>

任务准备

（2）选择需要的组件功能进行添加，如图2-1-5所示。

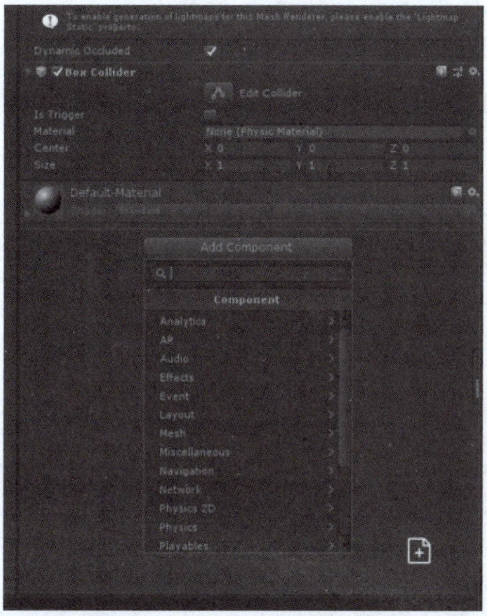

图 2-1-5　选择所要添加的组件

（3）或者可以通过上方的组件选项进行添加，如图2-1-6所示。

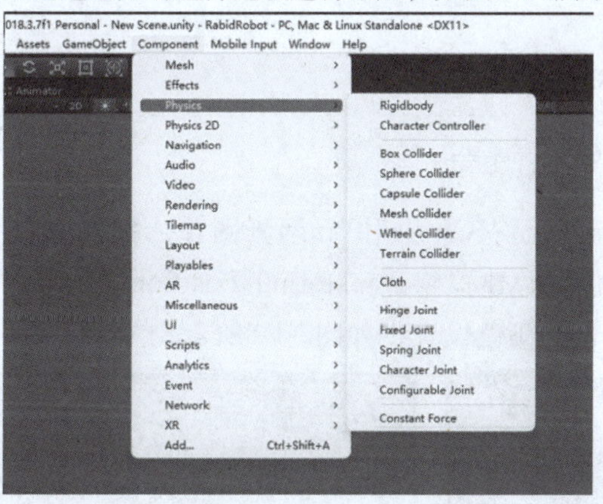

图 2-1-6　通过组件选项进行添加

任务目标

知识目标	熟悉Unity工程里创建场景。
技能目标	（1）了解场景的创建过程； （2）如何导入资源包； （3）Hierarchy面板下右键创建Text； （4）设置Text Scale属性； （5）设置Text Position属性； （6）如何给物体添加组件。
职素目标	团队合作意识：在之前同事创建的工程基础上，结合自己的技能来创建场景，共同推动项目建立。

任务实现

下面通过具体操作步骤讲解使用Unity在已有项目的基础上创建场景，包含资源包的导入、分数的创建和球的旋转。

步骤1: 创建场景。

首先新建项目，模式选择2D，设置好工程名字后单击创建按钮，如图2-1-7所示。

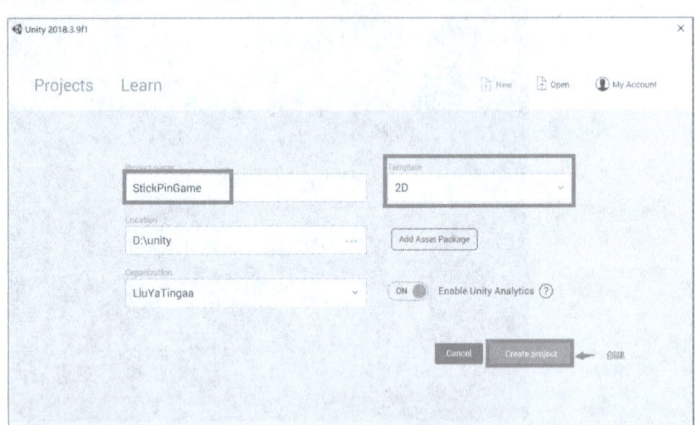

图 2-1-7　创建场景、新建项目

注意:
项目命名的规范方便日后查找。

步骤2: 导入资源包。

导入的资源包里面有Circle和Pin两张图片。拖入一个圆（Circle）放到场景中，保持在屏幕中上的位置，建议将Transform的Position的Y值设置为1.5，方便之后编写代码。Color按照自己喜欢的颜色设置，如图2-1-8所示。

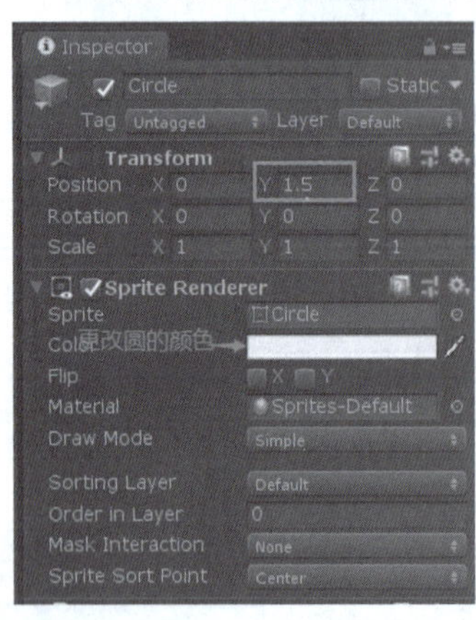

图 2-1-8　导入资源包

步骤3: 分数的创建。

在Hierarchy中右击，选择UI→Text命令，将canvars的RenderMode属性修改为WorldSpace并将主相机（MainCamera）拖入到RenderMode下行的EventCamera属性。调整

Text的字体大小、颜色和位置，如图2-1-9所示。

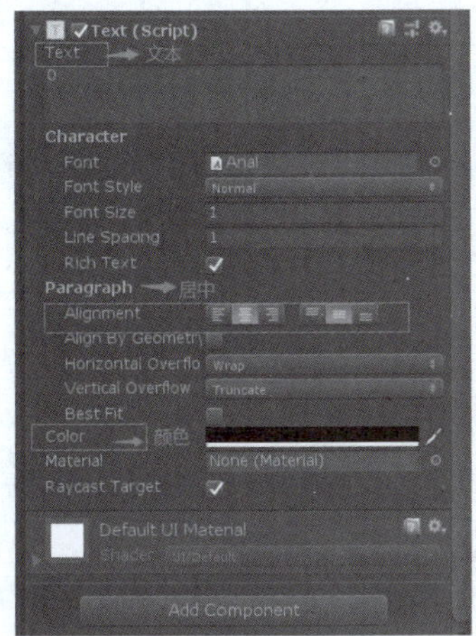

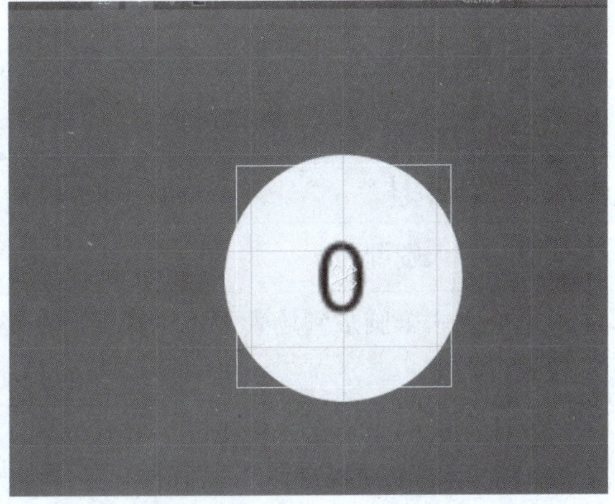

图 2-1-9　创建分数

注意：

Canvas 和 Text 的位置关系，调整 Text 也别忘记调整 Canvas。

步骤4： 使球能够旋转。

Project项目新建文件夹名字设为Script，用来存放代码脚本。新建脚本名为Radate，打开并在其中添加如下代码，将该脚本赋给圆（Circle），效果如图2-1-10所示。

```
public float speed;
void Update()
{
    transform.Rotate(new Vector3(0,0, speed * Time.deltaTime));
}
```

代码说明：

（1）声明一个公开的float类型的变量。

（2）修改此代码所挂载物体上的transform属性里的Rotate值。

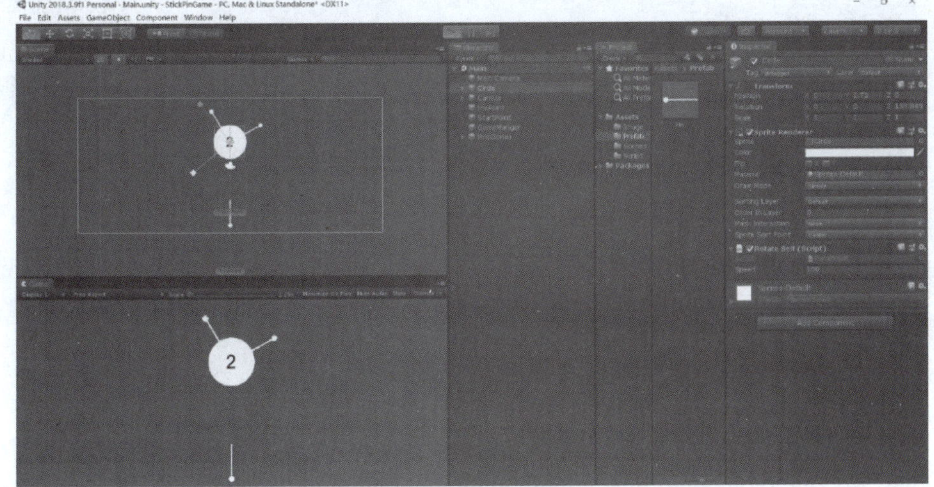

图 2-1-10　效果图

任务考评

姓名		完成日期	
序号	考核内容	标准分	评分
01	创建2D项目	10	
02	成功导入资源包	10	
03	把拖入一个圆放到场景中，位置保持在屏幕中上的位置	10	
04	在Hierarchy中右击，选择UI→Text命令，将canvars的RenderMode属性修改为WorldSpace	25	
05	创建分数并将分数显示在球体中心	15	
06	加入相关代码，使球可以旋转	30	
总评分		100	

任务总结：

任务实训

实训名称	改变分数显示文字字体大小、颜色
实训描述	掌握在场景中添加分数和字体
实训要求	（1）创建项目和场景； （2）导入资源包； （3）完成Text组件的创建； （4）完成球的旋转
实训总结	

模块二 开发旋转的小球

视频

开发旋转的小球和分数显示

此部分将介绍小球旋转的开发过程，实现小球的创建，Canvas 与 Camera 的调整以及 UI 字体的调整。这部分并不需要严格按照图片中的效果去做，例如小球的大小，分数的大小等都可以自适应地进行调节，具体任务如下。

任务 控制小球旋转

任务描述

情境描述	项目经理A在做一周总结时发现。本周项目计划基本完成，但是小球是静止的，还不能旋转起来。所以A决定动手开发这个旋转的功能。
任务分解	分析上面的工作情境，将任务分解如下： （1）场景中创建圆形（步骤），调整位置和大小（改变Position属性）； （2）调整Canvas和Camera； （3）UI字体调整。
任务准备	（1）Unity中常用的组件。 Text组件主要用于添加文字，Unity中提供了很多的字体，颜色可以搭配使用。 Image是图片组件，应用非常广泛，如贴图、文字等。 Button是按钮组件。 Dropdown是单复选按钮，可以单选也可以复选。 （2）Transform属性应用于元素的2D或3D转换，允许将元素旋转、缩放、移动、倾斜等。 （3）Text属性用于规定 HTML 文档的文本颜色。

任务目标

知识目标	掌握分数的设置与添加。
技能目标	（1）掌握创建圆形的方法：UI的组件都有哪些； （2）使用Text工具：Text的属性； （3）调整字体大小：Transform属性。
职素目标	审美意识：通过对界面中的圆形和分数字体大小进行调整，提高画面质量。

视频

控制小球的旋转

任务实现

下面通过具体操作步骤来讲解，使用Unity在之前已做的工作基础上进行小球旋转的控制、场景不同选项的设置与部分代码的编写。

步骤1： 创建一个圆形。

调整到合适的位置和大小，如图2-2-1所示。

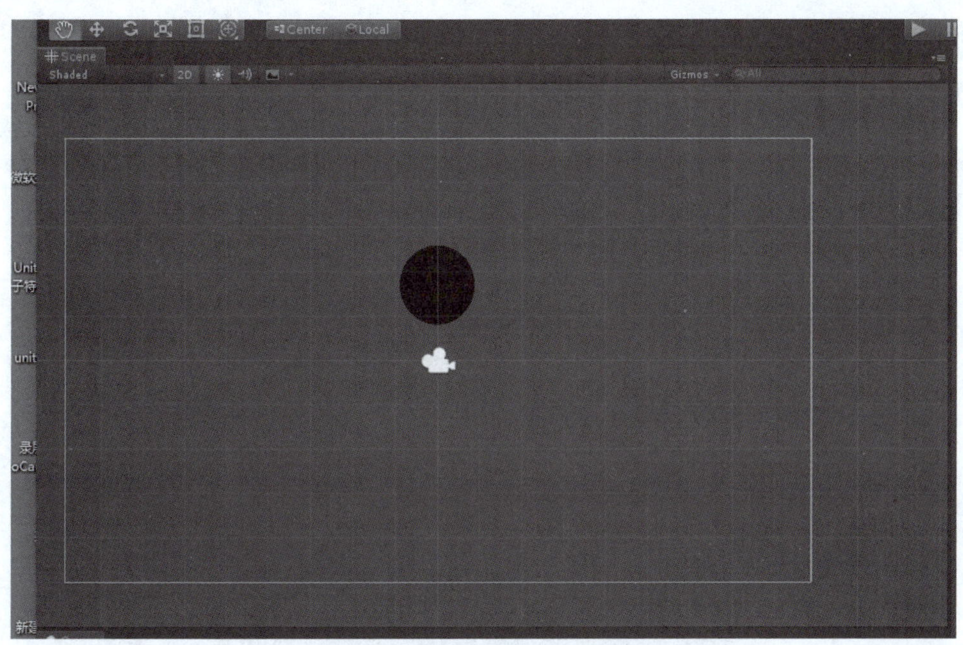

图 2-2-1 场景中创建圆形

步骤2: 显示分数。

创建一个Text用来显示分数，如图2-2-2所示。

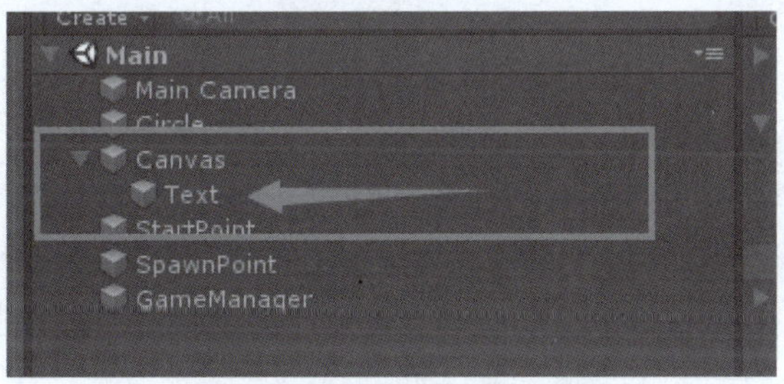

图 2-2-2 创建 Text 显示分数

步骤3: 将场景中的EventSystem删掉。

UI不需要做任何的事件，在图2-2-3所示的场景中，将Canvas中的Render Mode设置为World Space。Event Camera设置为Main Camera，把这个Text调整到合适的大小和位置。

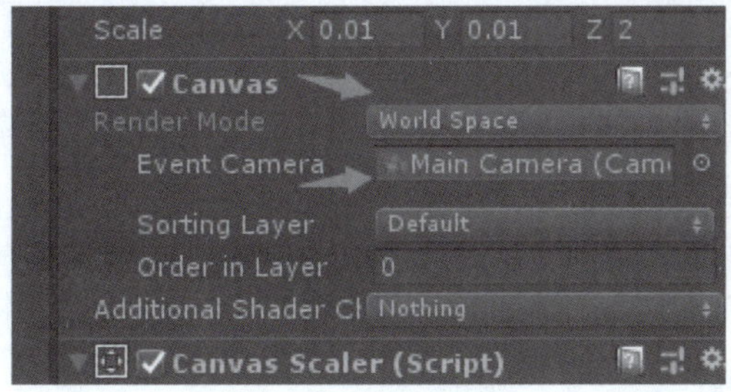

图 2-2-3 将场景中的 EventSystem 删掉

步骤4： 字体不清晰解决方法。

UI字体不清晰可以调整Canvas Scaler中的Dyanmic Pixels Per属性，如2-2-4所示。

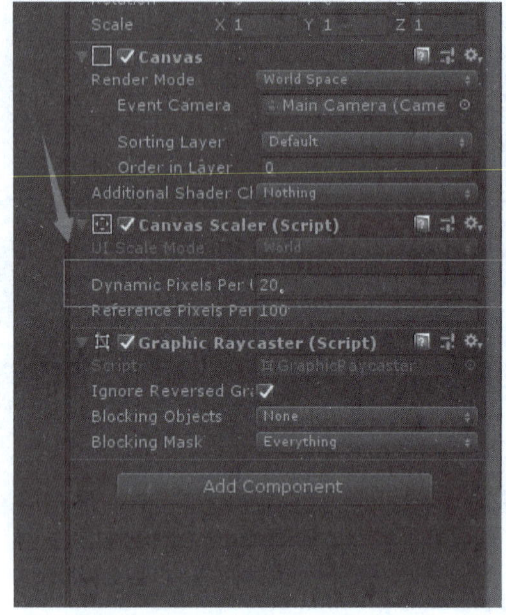

图 2-2-4　调整字体属性

创建小球旋转的代码：

```
using UnityEngine;
/// <summary>
/// 球体旋转
/// </summary>
public classWhirl  : MonoBehaviour
{    public float Speed = 90;
     void Update()
     {   transform.Rotate(new Vector3(0, 0, -Speed * Time.deltaTime));
     }
}
```

代码说明：

(1) 公开声明一个float 类型的变量，作为球体的转动速度；

(2) 设置球体的Rotate值，即让球体旋转起来。

注意：

创建物体注意命名，方便自己查找。

任务考评

姓名		完成日期	
序号	考核内容	标准分	评分
01	在场景中创建一个圆形，并调整位置	25	
02	创建一个Text用来显示分数	25	
03	场景中的EventSystem删掉	10	
04	将Canvas中的Render Mode设置为World Space，Camera设置为Main Camera	15	
05	Text调整到合适的大小和位置	5	
06	调用在Canvas Scaler中的Dyanmic Pixels Per属性	20	
总评分		100	

任务总结：

任务实训

实训名称	熟悉了解Canvas界面其他按钮的功能
实训描述	了解Canvas功能
实训要求	（1）完成场景中创建一个圆形； （2）创建Text显示分数； （3）设置Canvas； （4）设置Camera
实训总结	

模块三 设计与开发针

此部分在已经开发好小球的基础上进行游戏另一个部分的开发，主要负责针的设计与开发，任务一和任务二负责针生成过程，任务三至任务六来处理针的移动、插入、连环发射、发生碰撞、游戏结束等环节。该部分也是“见缝插针”小游戏的重难点，步骤比较烦琐，通过此部分的开发学习，可以熟练地掌握该游戏的核心内容，同时也会积累一些开发技巧和开发细节，具体任务情况如下。

视频

开发针的预制物

任务一 开发针的 prefab 预制物

任务描述

情境描述	程序员A接到了项目经理的任务。“见缝插针”中针的prefab预制物（预设物）交给了A。他觉得应该从设计针的图形开始做起。
任务分解	分析上面的工作情境，将任务分解如下： （1）将Circle、Pin拖入场景； （2）针的生成位置和移动到预备位置。
任务准备	（1）素材导入项目的方法： 在最上面的文件栏，单击Assets→Import Package→Custom Package找到存放的素材包中以unitypackage为后缀的包，导入即可，如图2-3-1所示。  图 2-3-1 文件栏 （2）创建Pin预制物的步骤： 第一步，新建一个文件夹，专门放预制物体，如图2-3-2所示。 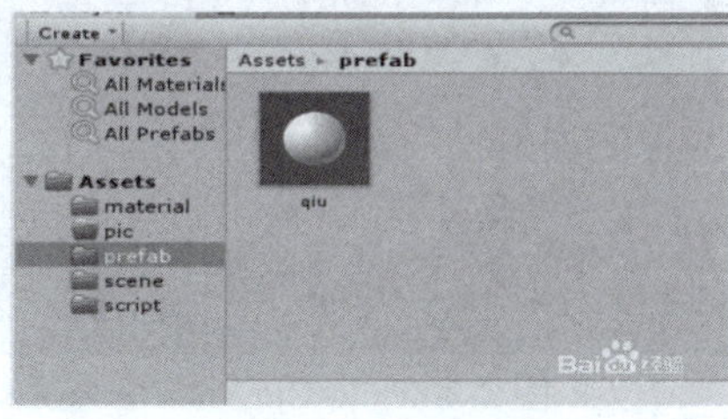 图 2-3-2 创建预制物 第二步，把需要预制的游戏对象拖到预制文件夹中，游戏对象会变成蓝色，如图2-3-3所示。  图 2-3-3 预制物的文件夹

任务目标

知识目标	掌握针的prefab预制体开发过程。
技能目标	（1）掌握素材的拖动和子物体的设计。 • 素材导入项目的方法； • 创建Pin预制物的步骤。 （2）空物体的创建生成。 • 在Hierarchy面板右击弹出菜单； • 单击Create Empty命令进行创建。
职素目标	工作质量意识：针对细微地方的处理要细致，保证针的开始位置和结束位置的准确性。

下面通过具体操作步骤来讲解使用Unity在之前已做的工作基础上进行Cricle，Pin的拖入和空物体的创建。

任务实现

步骤1: 将Circle、Pin拖入场景。

通过更改Pin和Circle的大小做成一个针的样子将Circle图片拖到Pin上，使其成为子物体，调整大小、位置和颜色。将针作为预制体，针头重命名为PinHead，如图2-3-4所示。

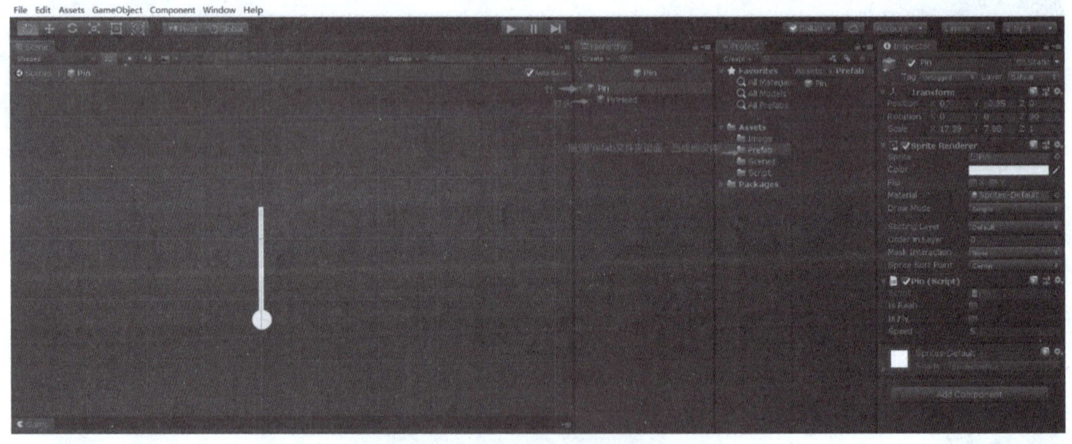

图 2-3-4　将 Circle、Pin 拖入场景

步骤2: 在针的生成位置和移动到预备位置创建2个空物体。

一个命名为StartPoint（开始位置），一个命名为SpawnPoint（发射位置），调整这两个物体的位置。使StartPoint为屏幕中可以看到针的开始发射的位置，SpawnPoint为屏幕外的实例化针的位置。这个位置没有具体要求，正常调整就可以，如图2-3-5所示。

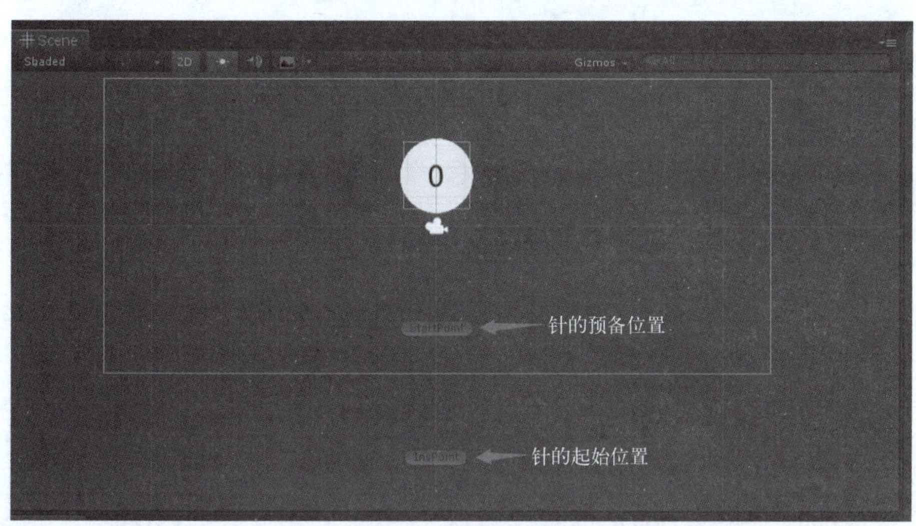

图 2-3-5　创建空物体

注意：

创建物体时注意命名，方便自己理解。

学习笔记

任务考评

姓名		完成日期	
序号	考核内容	标准分	评分
01	将Circle、Pin拖入场景，并调整大小做成针的样子	20	
02	将Circle图片拖到Pin上，使其成为子物体	20	
03	调整大小、位置和颜色	10	
04	将针作为预制体，针头重命名为PinHead	20	
05	创建两个空物体，命名为StartPoint和SpawnPoint	10	
06	调整两个物体到合适的位置	20	
总评分		100	

任务总结：

任务实训

实训名称	尝试拖动其他图形，在场景中设计新的图案，并且在其基础上创建开始位置和结束位置的空物体
实训描述	了解子物体的设计方法和空物体的设计方法
实训要求	（1）完成针的预制体； （2）完成生成位置和预备位置的创建
实训总结	

任务二 开发 GameManager 去生成针

任务描述

情境描述	程序员B发现了针的原型和发射位置已经设计好了。但是动手实践过程中发现这只是一个针的原型，并没有实际的针出现。与项目经理沟通后才知道需要用GameManager去生成游戏用到的针，决定自己先动手进行实践。
任务分解	分析上面的工作情境，将任务分解如下： （1）创建空物体，用来挂载脚本； （2）创建GameManager脚本，并放在空物体上； （3）创建两个空物体，放到针实例化位置和准备发射位置； （4）在代码中获取到实例化和准备发射的两个位置； （5）写一个实例化针的方法，并在Update()中实例化。
任务准备	完成上述任务需要具备编写脚本程序，了解脚本程序的语法结构。 （1）挂载脚本的方法。 • 直接将脚本拖到游戏对象上； • 可以选中游戏对象，在检视视图通过AddComponent添加组件方式，添加脚本。 （2）C#中的部分代码规范。 • 尽量使用接口，然后使用类实现接口，以提高程序的灵活性； • 关键的语句写注释； • 避免出现使用超过5个参数的方法； • 避免同一个文件中放置多个类； • 对于if语句，使用“{}”把语句块包含起来。 （3）变量命名的部分规则。 • 必须以“字母”或“@”符号开头，不要以数字开头；定义变量时，变量名要有意义； • C#变量命名编码规范——Camel 命名法：首个单词的首字母小写，其余单词的首字母大写。

任务目标

知识目标	掌握使用GameManager生成针的方法和脚本程序。
技能目标	（1）掌握空物体上挂载脚本的方法。 • 挂载脚本方法列举。 （2）掌握实例化针的方法。 • 实例化的方法介绍。 （3）了解脚本代码的编写格式和规则。 • 写代码的规范； • 变量的命名规则。
职素目标	耐心与细心：在脚本代码编写过程中，针对代码报错问题要耐心地查找和解决问题。对于繁多的代码能够细心地查看代码逻辑。

任务实现

视频

开发GameManger实例化针

下面通过具体步骤来讲解，在之前已做的工作基础上进行GameManger物体创建和部分代码的编写。

步骤1: 创建空物体。

先在场景中创建一个空物体，命名为GameManger，用来挂载GameManger脚本，如图2-3-6所示。

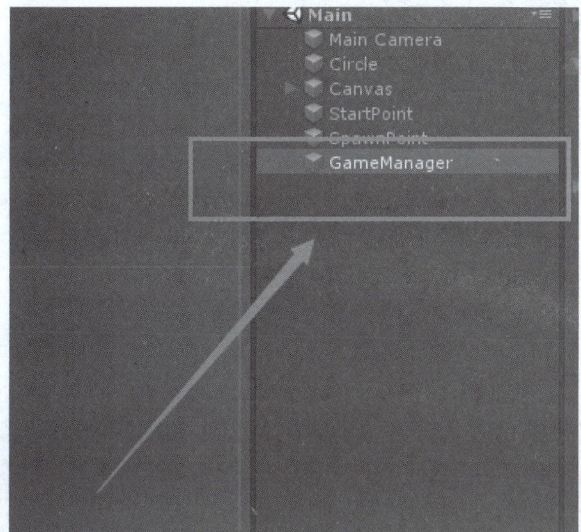

图 2-3-6　创建空物体，用来挂载脚本

步骤2: 创建脚本并挂载。

创建GameManger脚本，挂载到场景中的GameManger物体上，如图2-3-7所示。

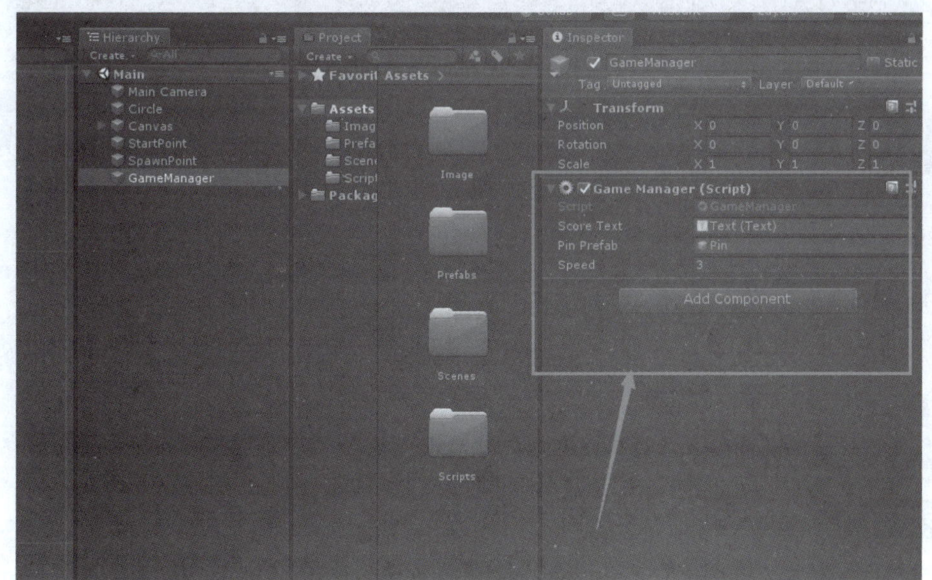

图 2-3-7　创建脚本并挂载

代码如下：

```
//声明变量
public GameObject PinPrefab;
public Transform inspoint;
public Pin currentPin;
public GameObject Circle;
void Start(){
    insPoint = GameObject.Find("InsPoint").transform;
    InsPin();
}
void InsPin() {
    currentPin = GameObject.Instantiate(PinPrefab,inspoint.position,
PinPrefab.transform.rotation).GetComponent<Pin>();
}
```

代码说明：

（1）获取insPoint物体的transform属性；

（2）执行实例化针的方法（InsPin）；

（3）实例化一个针。

步骤3： 再在场景中创建两个空物体。

分别放到针实例化出来的位置和针准备发射的位置，如图2-3-8所示。

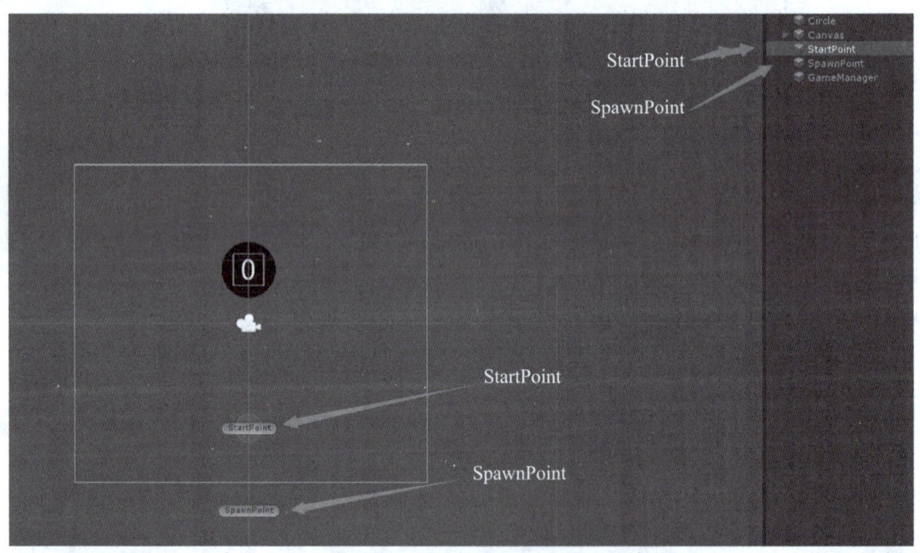

图 2-3-8　创建两个空物体

> **注意：**
> 创建物体的命名和位置的摆放以免调用时出错。

步骤4： 准备位置。

在代码中获取到实例化和准备的两个位置，如图2-3-9所示。

```
private Transform startPoint;
private Transform spawnPoint;
private Pin currentPin;
private bool isGameOver = false;
private int score = 0;
private Camera mainCamera;

public Text scoreText;
public GameObject pinPrefab;
public float speed = 3;



// Use this for initialization
void Start () {
    startPoint = GameObject.Find("StartPoint").transform;
    spawnPoint = GameObject.Find("SpawnPoint").transform;
    mainCamera = Camera.main;
```

定义两个位置

在start里面获取到这两个位置

图 2-3-9 获取和实例化位置

代码如下：

```
public bool isReah = false;              //控制针移动的两个变量
public bool isFly = false;
private Transform startPoint;            //控制针的生成位置的两个变量
private Transform circlePos;
public float speed = 100;                //飞行速度
private Vector3 endPoint;                //针结束位置
// Start is called before the first frame update
    void Start()
    {
        startPoint = GameObject.Find("StartPoint").transform;
    }
    void Update()
    {
        if (isFly == false)
        {
            if (isReah == false)
            {
                transform.position = Vector3.MoveTowards(transform.position,
startPoint.position,10 * speed * Time.deltaTime);
                if (Vector3.Distance(transform.position, startPoint.position)
< 0.05f)
                {
                    isReah = true;
                }
            }
        }
    }
public void StartFly()
{
    isFly = true ;
    isReah = true;
}
```

代码说明：

（1）查找项目中“StartPoint”，并将它的transform赋值给startPoint；

（2）判断是否有针在飞；

（3）判断是否有针在起点；

（4）将生成的针移动到起点；

（5）判断是否移动到位；

（6）让判断起点是否有针的bool值变为true。

步骤5： 实例化调用update。

写一个实例化针的方法，并在Update()进行调用，如图2-3-10所示。

```
private void Update()
{
    if (isGameOver) return;
    if (Input.GetMouseButtonDown(0))
    {
        score++;
        scoreText.text = score.ToString();
        currentPin.StartFly();
        SpawnPin();
    }
}

void SpawnPin()
{
    currentPin = GameObject.Instantiate(pinPrefab, spawnPoint.position,
     pinPrefab.transform.rotation).GetComponent<Pin>();
}
```

图 2-3-10　实例化针并调用

拓展提高——在场景中生成针的预设物

（1）在Unity的Hierarchy面板上右击，在弹出的快捷菜单中选择Create Empty命令，如图2-3-11所示。

（2）将创建好的空物体在属性面板重命名为GameManger，如图2-3-12所示。

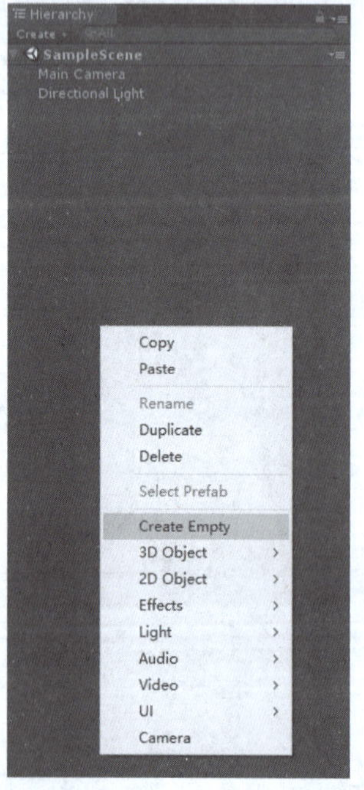

图 2-3-11　右击选择 CreateEmpty 命令

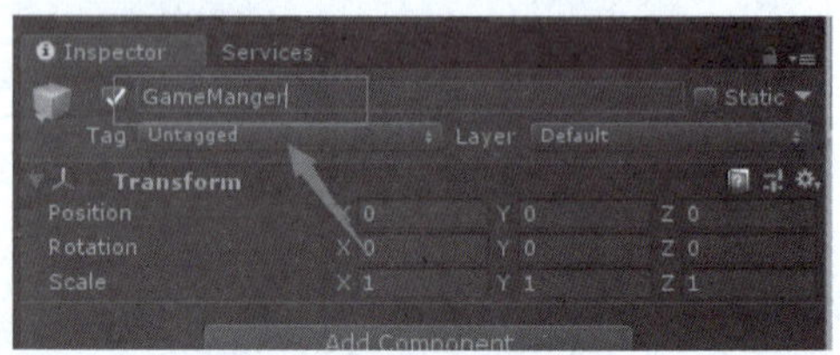

图 2-3-12　重命名

（3）在Unity的Project面板创建GameManger脚本，并完成脚本内容，如图2-3-13所示。

（4）完成GameManger代码的编写，并且将代码挂载到第一步创建的GameManger物体上，如图2-3-14所示。

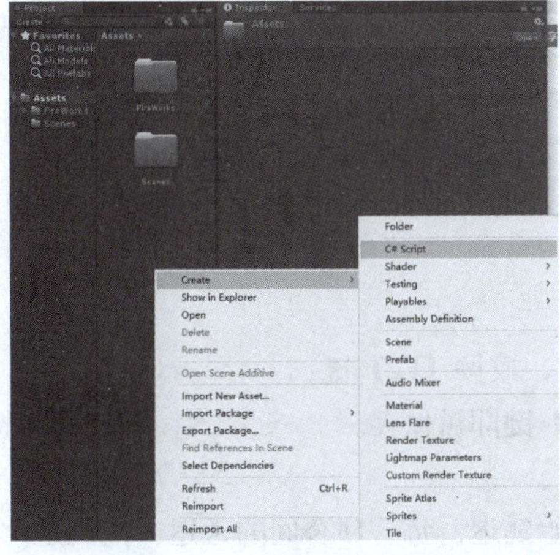

图 2-3-13　创建并完成脚本

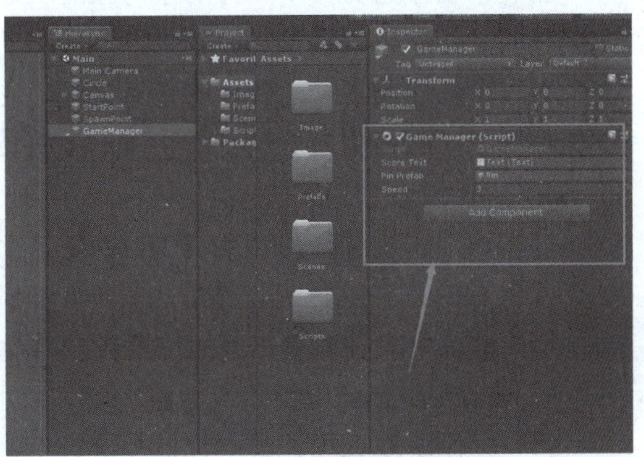

图 2-3-14　将完成的代码挂载

（5）在Hierarchy面板再次创建两个空物体，分别命名为StartPoint和SPawnPoint，如图2-3-15所示。

（6）在Unity的Project面板创建Pin脚本，并完成脚本内容，如图2-3-16所示。

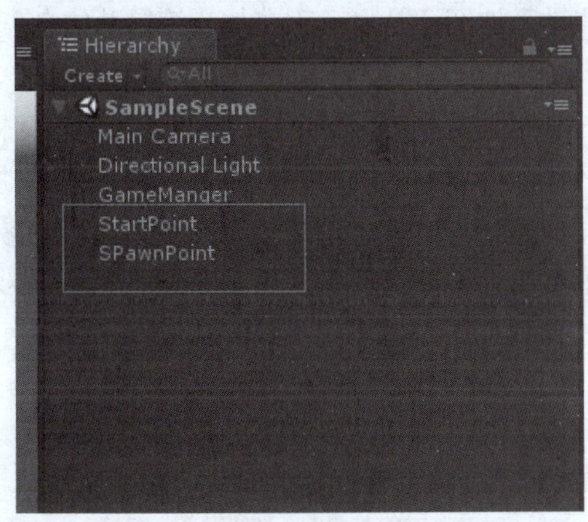

图 2-3-15　创建两个空物体

图 2-3-16　创建 Pin 脚本并完成

（7）完成以上步骤之后运行，就可以在场景中生成针的预设物。

知识链接

1. 空物体

（1）创建空物体就是在Hierarchy面板创建CreateEmpty GameObject空物体；

（2）每个物体默认就有Transform组件也可以表示物体；

（3）可以附加各种其他组件，附加不同组件就有不同功能；

（4）不同物体有不同功能，就是它挂载了不同的组件。

2. 组件

Transform组件包含3个属性：

Position（位置坐标）、Rotation（旋转坐标）、Scale（缩放坐标）。

当一个物体为另一个物体的子对象时，它有父节点相对于父物体的坐标，当移动父物体时，子物体也会移动，子物体不会移动。

当一个物体为另一个物体的子对象时，它有父节点相对于父物体的坐标，当旋转父物体时，子物体也会旋转，子物体不会旋转。

3. 物体重命名的方法

（1）找到需要重命名的文件/文件夹；

（2）右击文件/文件夹，然后选择Rename命令，或按【F2】键；

（3）修改好名称后单击其他位置或按【Enter】键即可保存。

4. GameManager提供的主要功能

（1）控制游戏进程，其中包括控制关卡的开始延迟、每一回合间的延迟、控制是否允许玩家操作等、判断游戏是否结束等；

（2）初始化游戏信息，包括生成地图等；

（3）记录游戏当中的一些数值，包括玩家的生命值、当前进行到的关卡级别等；

（4）持有敌人等部分对象的引用；

（5）控制游戏的显示状态、比如是应该显示地图还是显示正在加载等辅助信息；

（6）控制游戏的UI。

提到脚本的挂载，不得不提一个名词——组件（Component），事实上Unity 3D中的脚本代码就是通过以组件的形式挂载在GameObject上执行的，通俗地说，组件类似于一个对象的“零件”属性。具体地说，组件(Component)是用来挂载到游戏对象(GameObject)上的一组相关属性。本质上每个组件是一个类的实例。不同类型的游戏对象，都可以看成一个空的游戏对象，通过挂载不同组件实现不同的功能。

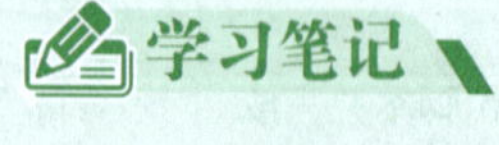

任务考评

姓名		完成日期	
序号	考核内容	标准分	评分
01	创建一个空物体，命名为GameManger	20	
02	创建脚本，挂载到场景中的GameManger物体上	20	
03	创建两个空物体	10	
04	分别放到针实例化出来的位置和针准备发射的位置	10	
05	在代码中找到实例化和准备的两个位置	20	
06	在update中调用一个实例化针的方法	20	
总评分		100	

任务总结：

任务实训

实训名称	开发GameManger脚本
实训描述	增加对代码逻辑的理解
实训要求	（1）完成GameManger的创建； （2）实现实例化针的方法
实训总结	

任务三 控制针移动到就位位置

任务描述

情境描述	项目经理A对本周工作进行了总结。游戏见缝插针开发进展顺利，下一目标是控制针移动到球体上的就位位置，经过和小组成员讨论，任务应该考虑两个方面，分别是鼠标单击控制针的飞出和针飞到球体上。
任务分解	分析上面的工作情境，将任务分解如下： （1）创建一段Pin代码，并挂载到预设物针上面； （2）在Pin脚本中编写针移动的代码，并判断是否到达指定位置。
任务准备	掌握脚本程序挂载到预设物体上的方法，掌握脚本程序的编写规则。 物体移动的方法： （1）通过Transform组件移动物体，Transform 组件用于描述物体在空间中的状态，包括位置（Position）、旋转（Rotation）和缩放（Scale）。 （2）通过Rigidbody组件移动物体。Rigidbody组件用于模拟物体的物理状态，如物体受重力影响、物体被碰撞后的击飞等。

任务目标

知识目标	学习脚本控制物体的移动和对于指定位置的判断。
技能目标	（1）掌握控制物体移动代码的编写； （2）介绍物体移动的方法。
职素目标	耐心与细心：在脚本代码编写过程中，针对代码报错问题要耐心地查找和解决问题。对于繁多的代码能够细心地查看代码逻辑。

下面通过具体步骤讲解使用Unity在之前已做的工作基础上进行Pin代码的创建，并判断是否到达指定位置。

任务实现

视频

控制针移动到就位位置

步骤1： 代码挂载。

创建一个Pin代码，并挂载到预设物针上面，如图2-3-17所示。

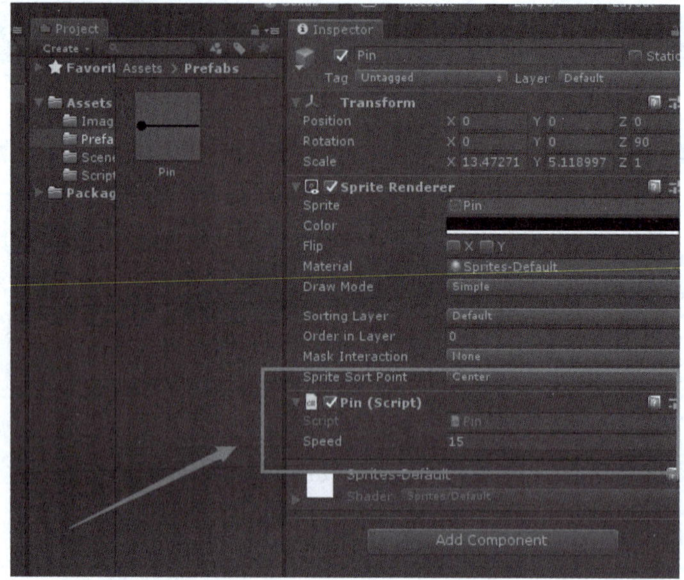

图 2-3-17　创建 Pin 代码并挂载

步骤2： 判断指定位置。

在Pin脚本中编写针移动的代码，并判断是否到达指定位置。

让针在鼠标单击后移动到目标位置。这里分两步进行；一是针飞到目标位置；二是鼠标单击后响应（发射针），先修改Pin脚本，让针能飞到目标位置。

在属性中添加代码：

```
//控制针的生成位置的两个变量
private Transform startPoint;
private Transform circlePos;
```

注意：

目标位置并不是圆所在的位置，而是针尖碰到圆靠里边的位置。

看上去是针插到了圆，在Pin的start()方法中添加如下代码：

```
circlePos = GameObject.Find("Circle").transform;
endPoint = circlePos.position;
endPoint.y -= 2.4f;
```

（1）查找项目中"Circle"的位置并赋给circlePos；

（2）将circlePos 的position值赋给endPoint；

（3）改变endPoint的y轴，减少2.4。

将Update的if语句改写成如下代码：

```
void Update(){
if (isFly == false)
{
    if (isReah == false)
    {  transform.position = Vector3.MoveTowards(transform.
position, startPoint.position,10 * speed * Time.deltaTime);
```

```
        if (Vector3.Distance(transform.position, startPoint.
position) < 0.05f)
        {
            isReah = true;
        }
      }
    }
    else
    {   transform.position = Vector3.MoveTowards(transform.position, endPoint,
10 * speed * Time.deltaTime);
      if (Vector3.Distance(transform.position,endPoint)< 0.05f)
      {
          isFly = false;
          transform.parent = circlePos;
      }
    }
    }
```

代码说明：

（1）判断是否有针正在飞行；

（2）判断是否有针在起点；

（3）让针开始飞行（向前移动）；

（4）如果到达准备发射的位置修改isReah 布尔值。

学习笔记

任务考评

姓名		完成日期	
序号	考核内容	标准分	评分
01	创建一个Pin代码	15	
02	将Pin代码挂载到预设物针上面	15	
03	在Pin脚本中编写针移动的代码	20	
04	判断是否到达指定位置	10	
05	调整针已圆的位置	10	
06	成功对Update中的if语句进行改写	30	
总评分		100	

任务总结：

任务实训

实训名称	在上述代码中记录详细的注释
实训描述	深刻理解代码书写内容和逻辑
实训要求	（1）完成创建针的代码； （2）将代码挂载到预设物上； （3）代码中完成针的移动； （4）完成判断针可以到达指定位置
实训总结	

任务四 控制针的插入

任务描述

情境描述	程序员A接到了项目经理派给的任务：负责控制针的插入部分。
任务分解	分析上面的工作情境，将任务分解如下： （1）移动从准备位置移动到终点位置； （2）对当前针身上的Pin组件获取； （3）终点位置获取； （4）准备发射的方法； （5）鼠标单击调用方法。
任务准备	掌握GameManger书写脚本的方式。 （1）Input：获取鼠标位置与各个参数； （2）mousePosition：得到鼠标当前的位置； （3）GetMouseButtonDown：鼠标按键按下的第一帧返回True； （4）GetMouseButtonUp：鼠标按键松开的第一帧返回True； （5）GetMouseButton：鼠标按键按下期间一直返回True； （6）GetAxis("Mouse X")：得到一帧内鼠标在水平方向的移动距离； （7）GetAxis("Mouse Y")：得到一帧内鼠标在垂直方向的移动距离； （8）GetAxis("Mouse ScrollWheel")：获得鼠标滚轮的值。

任务目标

知识目标	对针插入的整体过程进行代码编写，掌握插入的各个步骤。
技能目标	（1）控制针从开始位置移动到终点位置。 • Distance方法； • 清楚各个参数的含义。 （2）终点位置的获取。 （3）鼠标单击调用方法。 • Input获取鼠标； • 清楚各个参数使用方法。
职素目标	耐心与细心：在脚本代码编写过程中，针对代码报错问题要耐心地查找和解决问题。对于繁多的代码能够细心地查看代码逻辑。

下面通过具体步骤讲解使用Unity在之前已做的工作基础上进行控制针的插入。在编写代码中应注意物体的命名大小写一致。

视频

控制针的插入

任务实现

步骤1： 移动代码。

从准备位置移动到终点位置，如图2-3-18所示。

```
transform.position = Vector3.MoveTowards(transform.position, targetCirclePos, speed *
  Time.deltaTime);
if(Vect                                 rm.position,targetCirclePos) < 0.05f)
{
```

图 2-3-18　移动位置

步骤2: 获取组件。

对当前针身上的Pin组件获取，如图2-3-19所示。

```
private Transform startPoint;
private Transform spawnPoint;
private Pin currentPin;
private bool isGameOver = false;
private int score = 0;
private Camera mainCamera;

public Text scoreText;
```

图 2-3-19　获取 Pin 组件

> **注意：**
> 要与物体的命名一致，注意大小写。

步骤3: 获取终点位置。

获取终点位置，如图2-3-20所示。

```
private Vector3 targetCirclePos;
private Transform circle;

// Use this for initialization
void Start () {
    startPoint = GameObject.Find("StartPoint").transform;
    circle = GameObject.FindGameObjectWithTag("Circle").transform;
    targetCirclePos = circle.position;
    targetCirclePos.y -= 1.55f;
    //circle = GameObject.Find("Circle").transform;
}
```

图 2-3-20　获取终点位置

步骤4: 准备发射的方法。

发射的方法，如图2-3-21所示。

```
public void StartFly()
{
    isFly = true;
    isReach = true;
}
```

图 2-3-21　发射的方法

步骤5： 鼠标单击调用方法。

在GameManger中写入如下方法：

```
Void Update()
{
    //当鼠标单击实例化针调用Pin的StartFly()方法
    if (Input.GetMouseButtonDown(0))
    {
        currentPin.StartFly();
        InsPin();
    }
}
```

代码说明：

(1) 判断是否按下鼠标左键；

(2) 执行针往前飞的方法；

(3) 执行生成一个针的方法。

运行效果如图2-3-22所示。

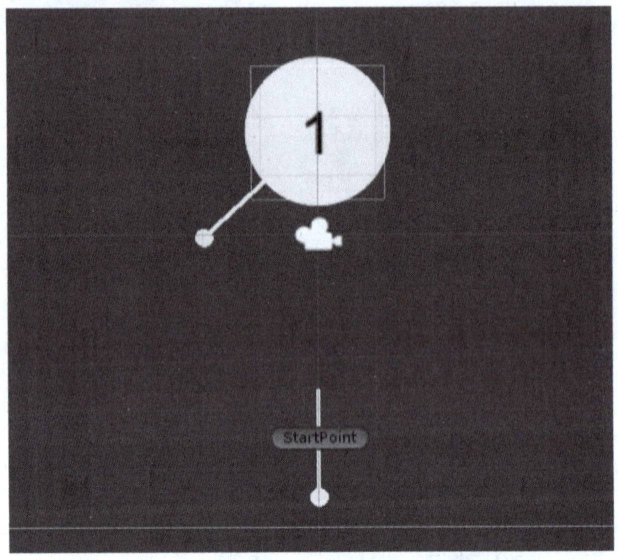

图 2-3-22 效果图

学习笔记

任务考评

姓名		完成日期	
序号	考核内容	标准分	评分
01	移动从准备位置移动到终点位置	20	
02	对当前针身上的Pin组件获取	20	
03	对终点位置获取	20	
04	发射方法的编写	20	
05	鼠标单击调用的方法	20	
总评分		100	

任务总结：

任务实训

实训名称	在上述代码中记录详细的注释
实训描述	深刻理解代码书写内容和逻辑
实训要求	(1) 完成针从准备位置移动到终点位置； (2) 完成获取针的代码； (3) 完成代码获取终点位置； (4) 完成准备发射的方法； (5) 完成鼠标调用方法
实训总结	

任务五 控制针的到达位置和针的连环发射

任务描述

情境描述	程序员C发现“见缝插针”游戏在针的到达位置和连环发射的部分做得欠佳，经过测试人员的测试结果显示确实设计得太过粗糙，通过向项目经理申请，程序员C决定动手来解决这个问题。
任务分解	分析上面的工作情境，将任务分解如下： （1）对针到达圆的边缘做一个处理； （2）针的连环发射。
任务准备	了解“见缝插针”中的针到达圆形的到达位置如何判定。 • Start()方法：仅当在第一次脚本启用Update()方法被调用之前调用。 • Update()方法：当MonoBehaviour启用时，其Update()在每一帧被调用。

任务目标

知识目标	掌握对针到达圆形的处理方法和控制针的连环发射。
技能目标	（1）了解圆形的边缘处理方法，坐标如何改变。 （2）通过针的状态控制针的移动。 • 掌握Start()方法和Update()方法； • 掌握移动的方法（了解Move及各个参数含义）。
职素目标	耐心与细心：在脚本代码编写过程中，针对代码报错问题要耐心地查找和解决问题。对于繁多的代码能够细心地查看代码逻辑。

任务实现

视频

控制针到达的位置和针的连环发射

步骤1： 边缘处理。

对针到达圆的边缘做一个处理，如图2-3-23所示。

```
private bool isReach = false;
private Transform startPoint;

private Vector3 targetCirclePos;
private Transform circle;


// Use this for initialization
void Start () {
    startPoint = GameObject.Find("StartPoint").transform;
    circle = GameObject.FindGameObjectWithTag("Circle").transform;
    targetCirclePos = circle.position;
    targetCirclePos.y -= 1.55f;
    //circle = GameObject.Find("Circle").transform;
}

// Update is called once per frame
void Update () {
```

图 2-3-23 判定处理

步骤2: 针的连环发射。

定义两个bool变量判断针的状态，如图2-3-24所示。

```
private bool isFly = false;
private bool isReach = false;
private Transform startPoint;
```

图 2-3-24　定义两个 bool 变量

通过判断针的状态，控制针的移动，如图2-3-25所示。

```
void Update () {
    if (isFly == false)
    {
        if (isReach == false)
        {
            transform.position = Vector3.MoveTowards(transform.position, startPoint.position, speed * Time.deltaTime);
            if (Vector3.Distance(transform.position, startPoint.position) < 0.05f)
            {
                isReach = true;
            }
        }
    }
    else
    {
        transform.position = Vector3.MoveTowards(transform.position, targetCirclePos, speed * Time.deltaTime);
        if(Vector3.Distance( transform.position,targetCirclePos) < 0.05f)
        {
            transform.position = targetCirclePos;
            transform.parent = circle;
            isFly = false;
        }
    }
}
```

图 2-3-25　针的连环发射

任务考评

姓名		完成日期	
序号	考核内容	标准分	评分
01	目标位置变量的声明	10	
02	目标变量位置初始化	10	
03	Circle变量的声明	20	
04	定义两个布尔变量	20	
05	判断针的状态	20	
06	控制针的移动	20	
总评分		100	

任务总结：

任务实训

实训名称	在Update()方法中考虑如何设计连环发射过程
实训描述	掌握代码设计逻辑
实训要求	(1) 完成针达到圆的边缘处理； (2) 完成针的连环发射
实训总结	

任务六 处理针头的碰撞和游戏结束

任务描述

情境描述	程序员A发现针头插入球体过程中，二者碰撞的程序还没有完善，并且还无法控制游戏的结束，如果针的插入和之前插入的针产生碰撞，游戏就提示结束，并显示分数。
任务分解	分析上面的工作情境，将任务分解如下： （1）在针头上添加刚体和碰撞体； （2）使用碰撞体中的触发器； （3）在针头上添加PinHead脚本； （4）给针头添加标签用来判断碰撞的物体； （5）在PinHead脚本中编写碰撞检测的脚本； （6）编写游戏结束方法； （7）针头发生碰撞时调用游戏结束的方法。
任务准备	熟悉触发器的添加过程和标签的设置： （1）在Unity中要想实现碰撞，需要满足两个条件： • 两个物体都具有碰撞组件； • 运动的组件拥有刚体。 （2）Unity中三种调用其他脚本函数的方法： • 被调用脚本函数为static类型，调用时直接用脚本名.函数名()。 • GameObject.Find("脚本所在的物体的名字").SendMessage("函数名 ")。 • GameObject.Find("脚本所在的物体的名字").GetComponent<脚本名>().函数名()。

任务目标

知识目标	掌握针头碰撞过程设计和游戏结束方法的设计。
技能目标	（1）在针头上添加PinHead脚本； （2）编写碰撞检测的脚本； （3）编写游戏结束的方法：物体碰撞的条件，如何在代码中调用其他代码中的方法和变量。
职素目标	耐心与细心：在脚本代码编写过程中，针对代码报错问题要耐心地查找和解决问题。对于繁多的代码能够细心地查看代码逻辑。

任务实现

视频

针头的碰撞和游戏结束处理

下面通过具体步骤来讲解使用Unity在之前已做的工作基础上针头的碰撞和游戏结束的处理。针头通过添加刚体和碰撞体来进行处理碰撞，并编写游戏结束的方法。

步骤1: 添加刚体和碰撞体。

在针头上添加刚体和碰撞体，如图2-3-26所示。

首先给PinHead（针头）添加刚体组件和碰撞器，注意这里刚体中的 Gravity Scale（重力）要改成0，不然针头会因为重力掉下去，碰撞器里要选择Is Trigger复选框。

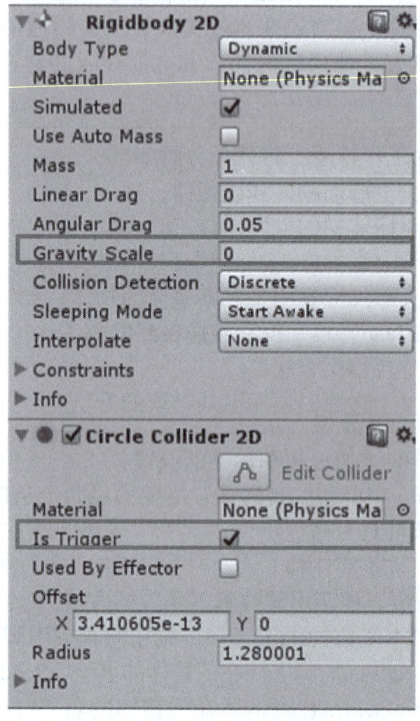

图 2-3-26　给针头添加刚体和碰撞体

注意:

调整好碰撞器的大小，不宜过大或过小，需要与针头大小保持一致。

步骤2: 使用碰撞体中的触发器，如图2-3-27所示。

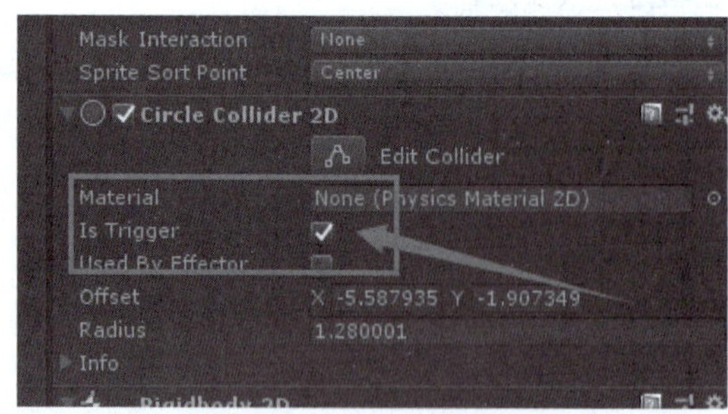

图 2-3-27　使用碰撞体中的触发器

步骤3: 在针头上添加PinHead脚本，如图2-3-28所示。

现在为针头添加一个脚本PinHead，因为针头碰撞后游戏结束，所以还要在GameManager脚本中写一个GameOver()方法来表示游戏结束（这里是通过标签进行检测的，所以要在Unity中修改针头的标签，记得修改后要单击“Apply”按钮才能应用）。

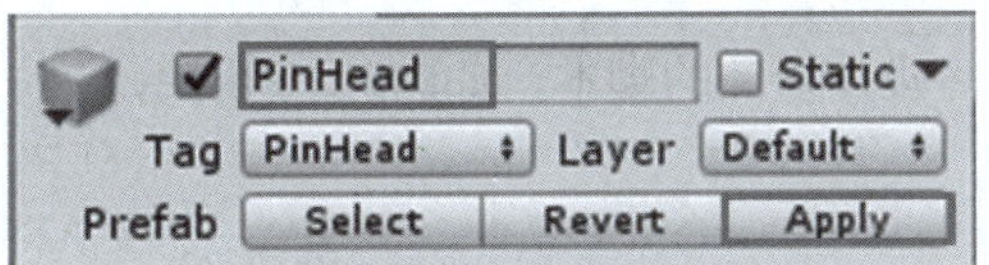

图 2-3-28　在针头上添加脚本

```
public classPinHead : MonoBehaviour
{
    private void OnTriggerEnter2D(Collider2D collision)
    {
        if (collision.tag == "PinHead")
        {
           GameObject.Find("GameManger").GetComponent<GameManger>().GameOver();
        }
    }
}
```

代码说明：

(1) 碰撞方法（当物体发生碰撞时触发）；

(2) 判断碰撞到的物体的Tag是否是PinHead；

(3) 执行GameOver()方法。

在GameManager脚本中添加如下代码：

```
public bool isover;
public void GameOver()
{   if (isover) return;
    Circle.GetComponent<Radate>().enabled = false;
    isover = true;
}
```

代码说明：

(1) 如果死亡，返回方法（后续脚本不执行）；

(2) 让Radate脚本里的enabled 设为false；

(3) 判断死亡的布尔值isover 设为true。

步骤4： 添加标签。

给针头添加标签用来判断碰撞的物体，如图2-3-29所示。

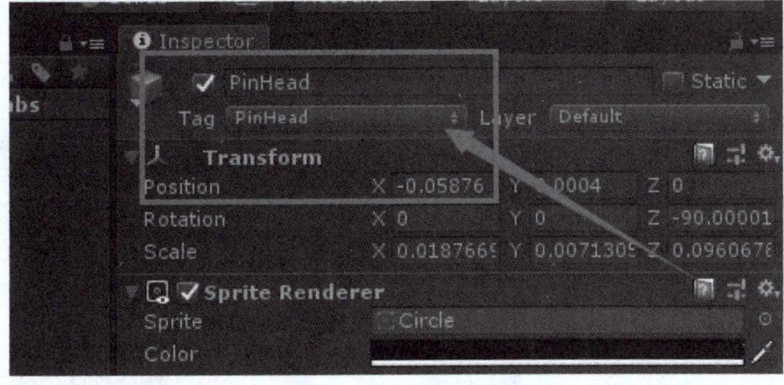

图 2-3-29　添加标签

步骤5: 添加脚本。

在PinHead脚本中编写碰撞检测的脚本，如图2-3-30所示。

```
public class PinHead : MonoBehaviour {

    private void OnTriggerEnter2D(Collider2D collision)
    {
        if (collision.tag == "PinHead")
        {
            GameObject.Find("GameManager").GetComponent<GameManager>().GameOver();
        }
    }
}
```

图 2-3-30 编写碰撞检测

> **注意：**
> 注意之前设置标签的大小写，否则不会被调用。

步骤6: 结束游戏。

编写游戏结束方法，如图2-3-31所示。

```
public void GameOver()
{
    if (isGameOver) return;
    GameObject.Find("Circle").GetComponent<RotateSelf>().enabled = false;
    StartCoroutine(GameOverAnimation());
    isGameOver = true;
}
```

图 2-3-31 游戏结束方法

步骤7: 调用方法。

针头发生碰撞时调用游戏结束的方法，如图2-3-32所示。

```
private void OnTriggerEnter2D(Collider2D collision)
{
    if (collision.tag == "PinHead")
    {
        GameObject.Find("GameManager").GetComponent<GameManager>().GameOver();
    }
}
```

图 2-3-32 针头发生碰撞时调用游戏结束的方法

任务考评

姓名		完成日期	
序号	考核内容	标准分	评分
01	在针头上添加刚体和碰撞体	15	
02	使用碰撞体中的触发器	15	
03	在针头上添加PinHead脚本	15	
04	给针头添加标签用来判断碰撞的物体	15	
05	在PinHead脚本中编写碰撞检测的脚本	15	
06	编写游戏结束方法	15	
07	针头发生碰撞时调用游戏结束的方法	10	
总评分		100	

任务总结：

任务实训

实训名称	在上述代码中记录详细的注释
实训描述	深刻理解代码书写内容和逻辑
实训要求	（1）完成在针头上添加刚体和碰撞体； （2）完成将针头变成触发器； （3）完成针头的脚本； （4）完成针头添加标签； （5）完成碰撞检测脚本； （6）完成游戏结束代码； （7）针头发生碰撞调用结束方法
实训总结	

模块四 控制分数和游戏结束动画的显示

此部分主要是在前面游戏开发的基础上，进行后续的设计。负责控制“见缝插针”游戏分数的显示和游戏结束动画的显示制作；获得分数的情况和游戏结束动画是一个游戏必不可少的部分，这里控制游戏结束时针体发生碰撞来判断的，用到了线程与协程的思想。

任务一 控制分数的显示

任务描述

情境描述	程序员A将游戏操作步骤完成后，发现还缺少最重要的最终分数判定模块，于是他决定开发此模块。
任务分解	分析上面的工作情境，将任务分解如下： （1）获取到Hierarchy窗口中的Text； （2）打开GameManager脚本，添加属性； （3）修改Update()方法； （4）将Text拖入到GameManger脚本的scoreText。
任务准备	游戏操作模块代码完成，即将开始进入计算分数模式。Update、FixedUpdate、LateUpdate三者的异同，总的来说void Update()方法是用来更新的；void FixedUpdate()方法是用来固定更新的；void LateUpdate()方法是用来晚于更新的。 （1）Update()是系统默认每一帧都调用的方法，但是它的调用会随着硬件帧数的变化而变化，并且它的更新时间不确定，有时快，有时慢。 （2）FixedUpdate()与Update()方法的相同之处在于当MonoBehaviour被启动的时候，这两个方法都是会在每一帧都被调用，不同之处在于，FixedUpdate()方法在调用的时候，它的调用事件是一定的，也就是说，它不会随着系统的帧数发生变化。 （3）LateUpdate()方法是晚于Update()方法调用，比如实现相机跟随的功能，当被跟随的物体都移动完成之后，在调用LateUpdate()方法中的相机跟随功能。具体的实现机制是，Unity在后台将所有的Update()方法、LateUpdate()方法制作成两个不相干的线程，先执行Update()方法所在的线程，当执行完之后，再去执行LateUpdate()方法所在的线程。

任务目标

知识目标	掌握开发控制分数显示的实现过程。
技能目标	（1）掌握脚本代码的编写格式与规则； （2）掌握如何在脚本中添加属性； （3）掌握如何修改Update()方法。 Update()方法、FixedUpdate()方法、LateUpdate()方法三者的异同。
职素目标	耐心与细心：在脚本代码编写过程中，针对代码报错问题要耐心地查找和解决问题。对于繁多的代码能够细心地查看代码逻辑。

下面通过具体步骤来讲解使用Unity在之前已做的工作基础上进行游戏分数的显示，针头发生碰撞时判定为游戏结束，并且对Update()方法进行更新。

视频

控制分数的显示

任务实现

步骤1: 针头发生碰撞时调用游戏结束的方法。

要获取到Hierarchy窗口中的Text，打开GameManager脚本，添加如下代码：

```
using UnityEngine.UI;
```

添加命名空间，否则声明不到跟UI有关的物体。

步骤2: 添加属性。

```
public Text scoreText;
public int score = 0 ;
```

添加显示分数的文本和分数的值。

步骤3: 修改Update()方法。

```
void Update()
{
    if (isover) return;
    if (Input.GetMouseButtonDown(0))
    {
            score++;
            scoreText.text = score.ToString();     //强制转化为string
            currentPin.StartFly();
            InsPin();
    }
}
```

代码说明：

（1）如果游戏判断为结束则返回方法，不执行下面的代码；

（2）检测单击鼠标左键；

（3）分数+1；

（4）让显示分数的文本显示目前的分数；

（5）执行针往前飞行的方法；

（6）实例化一个针。

步骤4: 脚本拖入。

将Text拖入到Game Manager脚本的Score Text，如图2-4-1所示。

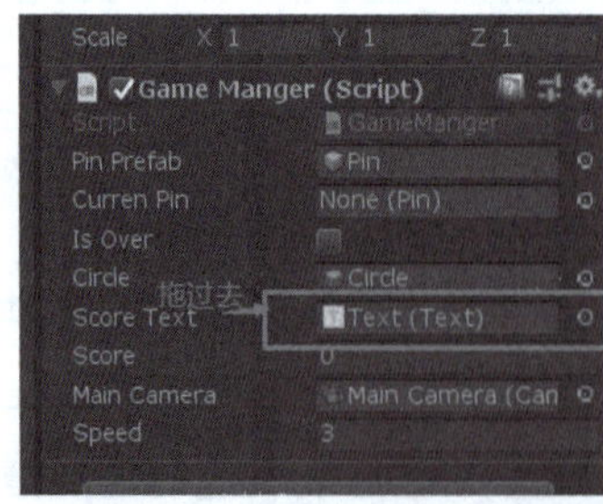

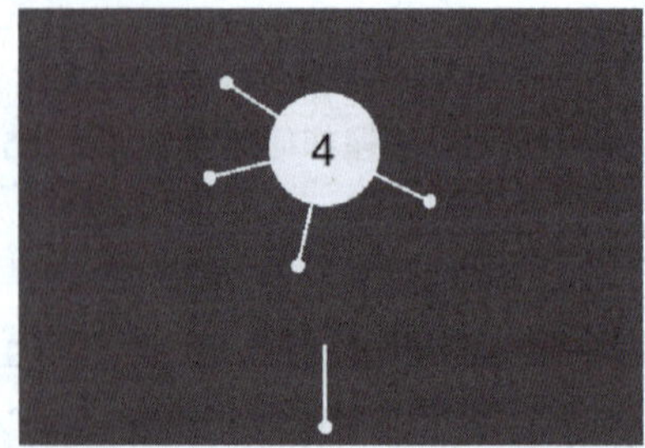

图 2-4-1　最终效果

任务考评

姓名		完成日期	
序号	考核内容	标准分	评分
01	获取到Hierarchy窗口中的Text	10	
02	打开Game Manager脚本，添加Text属性	10	
03	添加score变量	15	
04	修改Update()方法	15	
05	强制转化为string	25	
06	将Text拖入到Game Manager脚本的Score Text	25	
总评分		100	

任务总结：

任务实训

实训名称	修改分数计算模块，使得一个针的分变为10分
实训描述	更加细致地了解脚本代码的构造逻辑
实训要求	（1）添加属性； （2）修改Update方法； （3）给Game Manager共有属性赋值
实训总结	

任务二 显示游戏结束动画

任务描述

情境描述

程序员A发现游戏结束时的场景过于单调，他想把游戏结束的界面设计得更加美观，于是他准备做一个游戏结束动画的显示。

任务分解

分析上面的工作情境，将任务分解如下：

（1）用一个线程来编写游戏结束动画；

（2）在游戏结束方法里开启协程；

（3）游戏结束后重新开始游戏。

任务准备

游戏操作与计分模块代码完成，游戏结束。

（1）Game窗口介绍。

通过Display选项可以更改不同的镜头，如图2-4-2所示。

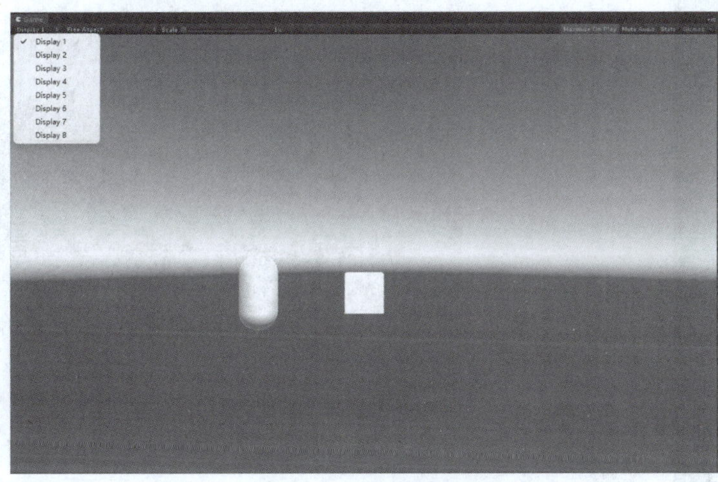

图 2-4-2　Display 选项

通过比例选项可以调整调试时的视图比例，如图2-4-3所示。

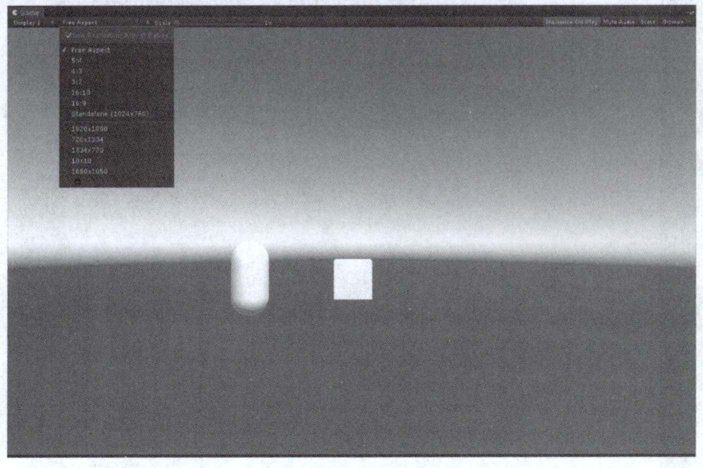

图 2-4-3　视图比例

通过调整Scale可以扩大或缩小Game视图显示的，如图2-4-4所示。

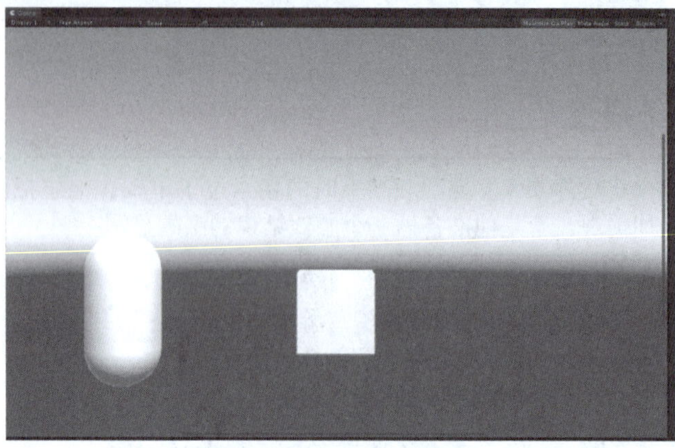

图 2-4-4　Game 视图

通过右侧的选项可以查看或调整游戏运行时的视图状态，如图2-4-5所示。

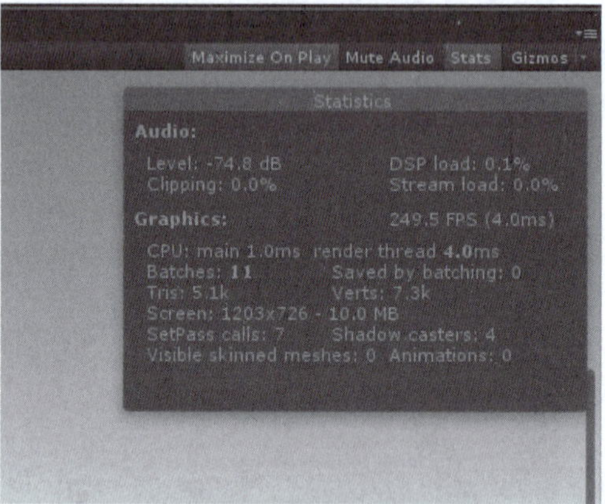

图 2-4-5　视图状态

通过开关gizmos内的选项可以显示或关闭视图内的图标等标识，如图2-4-6所示。

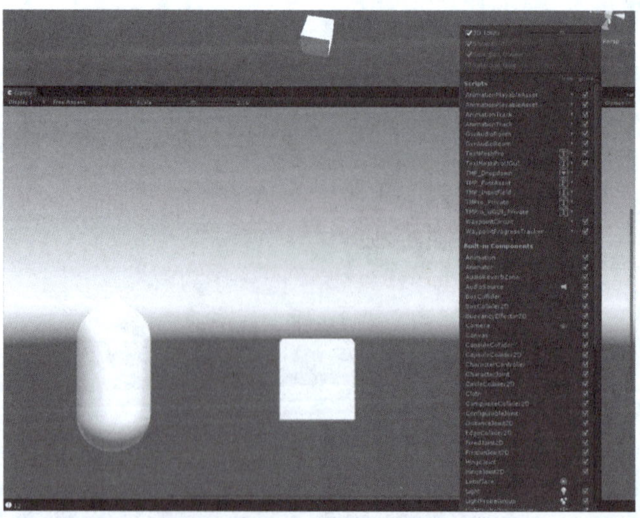

图 2-4-6　gizmos 选项

任务准备

（2）Camera属性介绍，属性较多，这里只介绍几个常用的属性。

- Clear Flags 清除标记；
- Background 背景；
- Culling Mask 剔除遮罩；
- Size 大小；
- Field of view 视野范围；
- Clipping Planes 剪裁平面。

（3）Time的各个方法。

- Time.time：表示从游戏开发到现在的时间，会随着游戏的暂停而停止计算；
- Time.deltaTime：表示从上一帧到当前帧时间以秒为单位；
- Time.frameCount：总帧数；
- Time.realtimeSinceStartup： 表示自游戏开始后的总时间，即使暂停也会不断地增加；
- Time.timeScale：时间缩放，默认值为1，若设置<1，表示时间减慢，若设置>1，表示时间加快，可以用来加速和减速游戏，非常有用。timeScale不会影响Update()和LateUpdate()的执行速度。FixedUpdate()是根据时间来的，所以timeScale只会影响FixedUpdate()的速度。

任务目标

知识目标	掌握游戏结束动画显示的开发过程。
技能目标	（1）把Game窗口中的画面放大。Game窗口介绍； （2）把背景改成红色。Camera属性介绍； （3）做出一个停顿。Time的各个方法，详细介绍Time.TimeScale()方法。
职素目标	耐心与细心：在脚本代码编写过程中，针对代码报错问题要耐心地查找和解决问题。对于繁多的代码能够细心地查看代码逻辑。

下面通过具体步骤来讲解，使用Unity在之前已做的工作基础上进行游戏结束的动画设计与显示，用线程来进行编写，并且游戏结束后重新开始新的游戏。

视频

游戏结束动画和重新开始

任务实现

步骤1： 线程。

用一个线程来编写游戏结束动画，如图2-4-7所示。

```
IEnumerator GameOverAnimation()
{
    while (true)
    {
        mainCamera.backgroundColor = Color.Lerp(mainCamera.backgroundColor, Color.red, speed * Time.deltaTime);
        mainCamera.orthographicSize = Mathf.Lerp(mainCamera.orthographicSize, 4, speed * Time.deltaTime);
        if( Mathf.Abs( mainCamera.orthographicSize-4 )<0.01f)
        {
            break;
        }
        yield return 0;
    }
    yield return new WaitForSeconds(0.2f);
    SceneManager.LoadScene(SceneManager.GetActiveScene().buildIndex);
}
```

图 2-4-7 游戏结束动画的编写

结束动画比较简单，接下来把画面放大，把背景改成红色，再有一个停顿就可以了，如果要获取到Hierarchy窗口中的Main Camera，打开Game Manager脚本添加属性，代码如下：

```
using UnityEngine.SceneManagement;
```

声明命名空间代码如下：

```
public Camera mainCamera;
public int speed = 10;
```

代码说明：

(1) 声明两个变量；

(2) 相机和速度。

在Start()方法中添加如下代码：

```
mainCamera = Camera.main;
```

这样就获取到了相机。

步骤2: 开启协程。

在游戏结束方法里开启协程，如图2-4-8所示。

```
public void GameOver()
{
    if (isGameOver) return;
    GameObject.Find("Circle").GetComponent<RotateSelf>().enabled = false;
    StartCoroutine(GameOverAnimation());
    isGameOver = true;
}

IEnumerator GameOverAnimation()
```

图 2-4-8　在游戏结束方法里开启协程

将结束动画写成一个方法GameOverAnimation()。

设置结束动画的速度。

```
IEnumerator GameOverAnimation()
{   while (true) {
        mainCamera.backgroundColor = Color.Lerp(mainCamera.backgroundColor,
Color.red,speed*Time.deltaTime);
        mainCamera.orthographicSize = Mathf.Lerp(mainCamera.orthographicSize,
4, speed * Time.deltaTime);
        if (Mathf.Abs(mainCamera.orthographicSize - 4) < 0.01)
        {
                break;
        }
        yield return 0;
    }
yield return new WaitForSeconds(1);
SceneManager.LoadScene(SceneManager.GetActiveScene().buildIndex);
}
```

代码说明：

(1) 死循环；

(2) 让主相机的背景颜色变红（一个像素）；

（3）限制变红的速度；

（4）判断主相机的颜色是否为全红；

（5）返回，跳出死循环；

（6）线程等待一帧（用来控制代码执行速度）；

（7）等待一秒；

（8）重新加载场景，游戏重新开始。

步骤3： 游戏结束后重新开始游戏，如图2-4-9所示。

```
        }
        yield return new WaitForSeconds(0.2f);
        SceneManager.LoadScene(SceneManager.GetActiveScene().buildIndex);
    }
}
```

图 2-4-9 重新开始游戏

任务考评

姓名		完成日期	
序号	考核内容	标准分	评分
01	获取到Hierarchy窗口中的Main Camera	20	
02	打开Game Manager脚本添加属性	20	
03	在Start ()方法中添加获取相机	20	
04	开启协程	10	
05	设置动画速度	10	
06	游戏结束后重新开始游戏。	20	
总评分		100	

任务总结：

任务实训

实训名称	自定义修改结束动画的效果，例如修改背景颜色或结束时间
实训描述	增加对代码逻辑的理解
实训要求	（1）完成结束动画； （2）在游戏结束方法里开启协程； （3）完成游戏结束重新开始游戏
实训总结	

学习笔记

单元三

狂暴的机器人游戏

项目导航

本单元内容主要包含5个模块共计25个任务，通过学习和实践项目需求、操控、弹药、敌人、UI等，详尽了解Unity的特性与功能，掌握Unity的核心模块、资源工作流和基本的3D游戏创建过程。在完成本游戏学习后，学生对如何使用Unity制作一个交互式游戏，会有一个完整的理解，能具备开发简单游戏的能力及团队协作精神。

知识目标

◎掌握Unity中操作资源添加对象、编写脚本
◎掌握Unity中代码逻辑的编写、动画关系的控制
◎掌握Unity中创建智能AI、设置碰撞检测、实现游戏逻辑
◎掌握Unity中UI控件的使用、声音资源的添加
◎理解实现游戏总体样式

能力目标

◎会创建Unity中的场景、设置标签、烘焙导航等功能
◎会创建不同游戏道具的脚本、道具动画
◎能用脚本代码控制动画
◎能熟练运用Unity中的组件、为游戏添加智能AI
◎能实现游戏总体样式
◎能够编码UI、引用控件、更新数据
◎会创建主菜单、设置音乐、实现UI事件

模块一 需 求

在 Unity 游戏开发中，需求分析是游戏开发的基本工作。每个游戏开发之前都需要进行需求分析，这样可以保障开发过程能有效地进行。本游戏涉及一个场景，而这一个场景中包含了多个游戏对象，其中某些对象还被附加了特定功能的组件，此部分将介绍“狂暴的机器人游戏”的需求分析，创建代码库和项目实施。具体任务如下。

任务一 需求分析

任务描述

情境描述	项目经理A接到公司的任务，开发一个名为“狂暴的机器人”游戏，相关游戏设计方案也给到了A的手中，A接下了任务并且召集各个部门的程序员开会，来对项目进行需求分析。
任务分解	分析上面的工作情境，需要完成需求分析。
任务准备	了解狂暴的机器人游戏思路。

任务目标

知识目标	学习需求分析的过程。
技能目标	掌握对游戏的需求分析步骤。
职素目标	团队意识：在需求分析过程中和项目组的各个成员进行商量探讨，以团队的姿态面对过程中遇到的困难。

任务实现

本节内容的主要目的是让学习者了解“狂暴的机器人”这个游戏的玩法与思路，为后续的开发工作打下良好的基础。

步骤： 需求分析。

在本节中，将学习如何创建最受欢迎的游戏类型——第一人称射击游戏。

将跟着课程实现一款称为“狂暴的机器人”游戏。玩家将控制主角，在机器人的攻击中生存下来。地图将不断地产生新的机器人，玩家必须收集医疗包、弹药包和装甲包，尽可能长时间地避开或击杀机器人。玩家存活的时间越长，他们杀死的机器人越多，他们的得分就越高。游戏最终效果如图3-1-1。

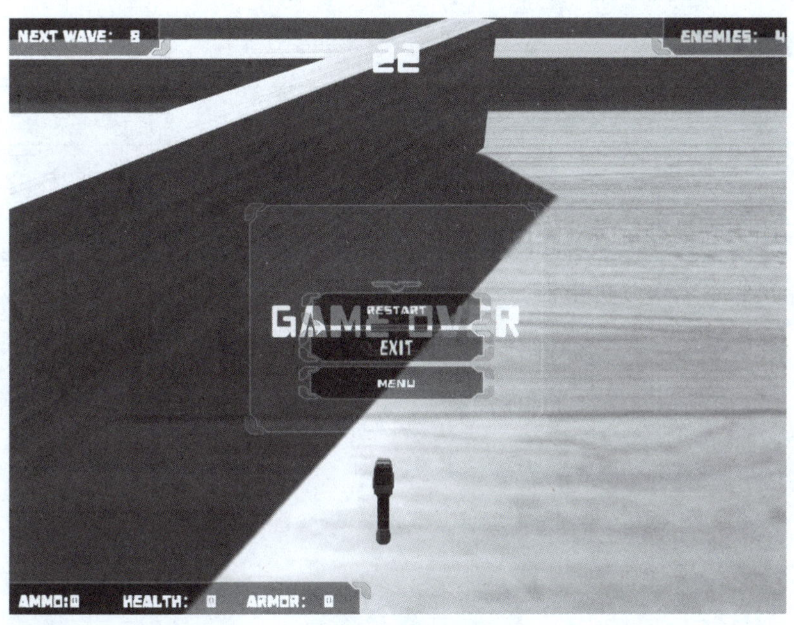

图 3-1-1 最终效果

学习笔记

任务考评

姓名		完成日期	
序号	考核内容	标准分	评分
01	与团队成员进行游戏的需求分析	50	
02	简单版本需求分析报告	50	
总评分		100	

任务总结：

任务实训

实训名称	上网查阅需求分析的书写，完善需求分析报告
实训目标	（1）了解需求分析的完整步骤； （2）掌握需求分析报告的格式
实训要求	需求分析
实训总结	

任务二 创建代码库

任务描述

情境描述	程序员A的任务是为项目的开发创建代码库，创建代码库这一工作是公司开发工作的第一步。因为后续的所有开发工作都将基于该代码库进行。
任务分解	分析上面的工作情境，将任务分解如下： （1）登录码云； （2）填写项目相关信息； （3）创建团队、班级； （4）创建项目仓库来存放代码； （5）登录TAPD创建； （6）创建项目开发需求。
任务准备	了解相关知识。

任务目标

知识目标	掌握项目开发的第一步代码库的创建。
技能目标	使用码云与TAPD建立代码库和项目管理。
职素目标	细心与耐心：在创建代码库的过程中，所遇到的问题都能耐心地解决。添加成员阶段细心地把每一位项目成员添加进来，方便后续项目开发。

任务实现

本任务使用的是码云工具来进行项目代码管理，从登录到码云开始一步步地进行代码库的创建，接下来借助TAPD项目管理，通过邮箱邀请成员。

步骤1： 新建项目。

登录到码云，打开高校版页面，如图3-1-2所示，单击“新建项目”命令。

图 3-1-2　新建项目页面

步骤2： 开始填写项目相关信息。

填写项目的相关信息后，单击“新建”按钮，如图3-1-3所示。类型选择“内部项目”，关联仓库我们待会新建仓库后会关联，成员选择我们的项目成员。

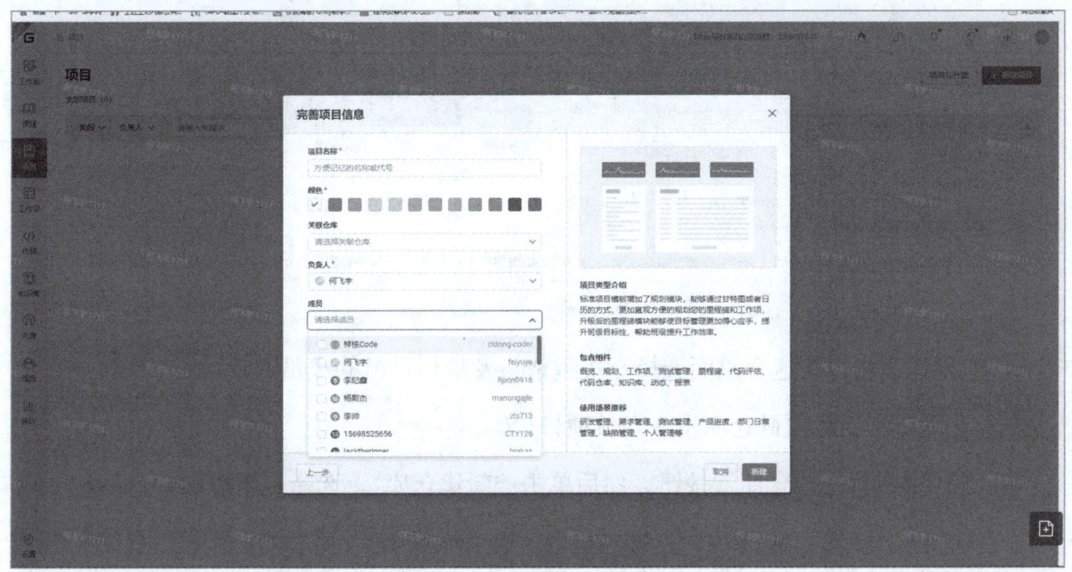

图 3-1-3　项目信息页面

步骤3： 码云高校版创建团队/班级并添加成员。

（1）码云高校版创建团队/班级。

在工作台左边栏里面找到成员选项，如图3-1-4所示，单击进去后“添加成员”。

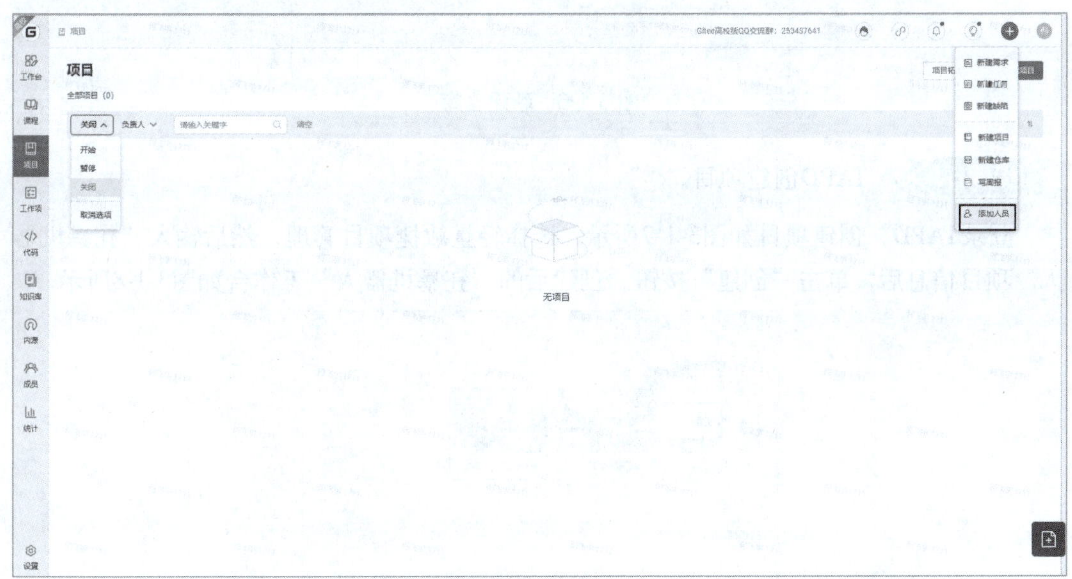

图 3-1-4　工作台

（2）添加成员如图3-1-5所示，单击 +添加成员 按钮，进入到成员邀请页面。

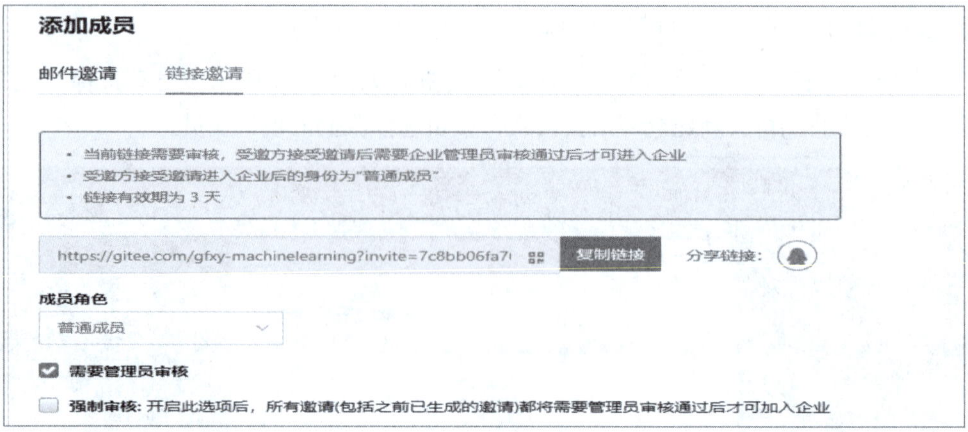

添加成员
邮件邀请
链接邀请
· 当前链接需要审核，受邀方接受邀请后需要企业管理员审核通过后才可进入企业
· 受邀方接受邀请进入企业后的身份为"普通成员"
· 链接有效期为 3 天
https://gitee.com/gfxy-machinelearning?invite=7c8bb06fa7
复制链接
分享链接：
成员角色
普通成员
需要管理员审核
强制审核：开启此选项后，所有邀请(包括之前已生成的邀请)都将需要管理员审核通过后才可加入企业

图 3-1-5　添加成员

（3）发送邀请，在这个里面选择链接邀请，发给项目组的成员。

步骤4： 创建项目仓库用来存放项目代码。

在图3-1-6中单击“仓库”按钮，然后单击“新建仓库”，选择“新建”。

新建仓库
创建

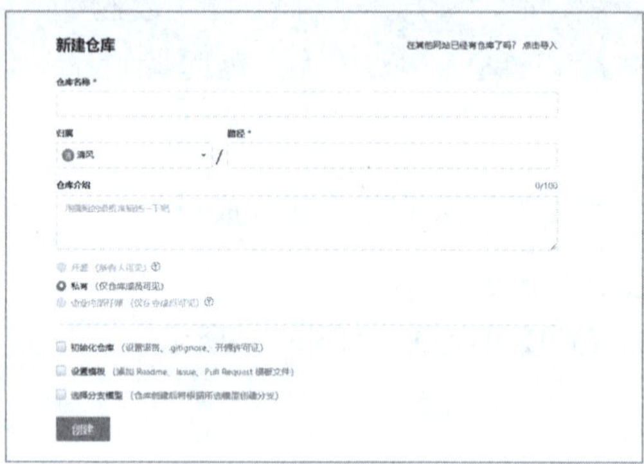

图 3-1-6　新建仓库

步骤5： TAPD创建项目。

登录TAPD，创建项目如图3-1-7所示，选择轻量敏捷项目管理，然后输入“狂暴机器人”项目信息后，单击“创建”按钮。创建后的“狂暴机器人”工作台如图3-1-8所示。

创建项目
选择项目模板
BOARD
ISSUE TRACK
TAPD LITE
轻量团队看板
问题跟踪管理
轻量敏捷项目管理
详情
项目信息
狂暴机器人
项目描述（可选）
一分钟了解创建项目
创建
取消

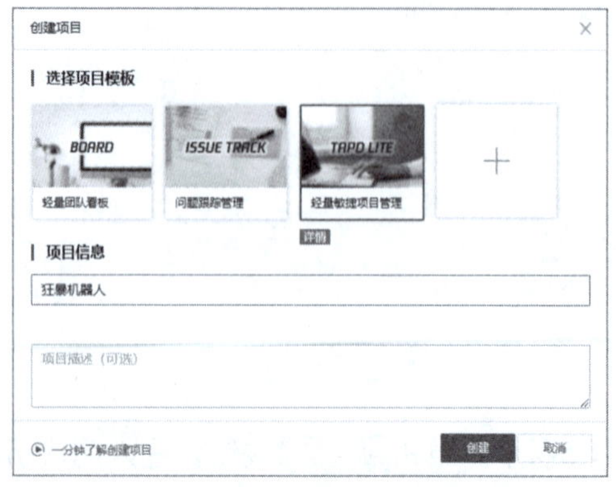

图 3-1-7　创建项目

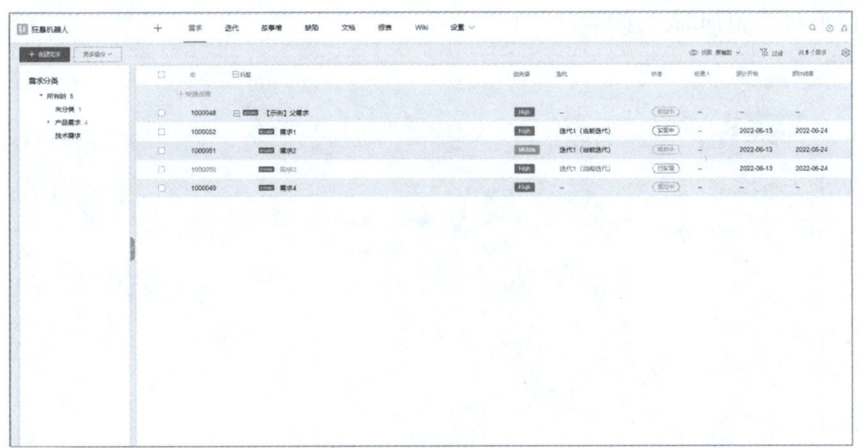

图 3-1-8 工作台

步骤6： 创建项目开发需求。

在图3-1-9中单击“创建需求”按钮，开始需求创建。

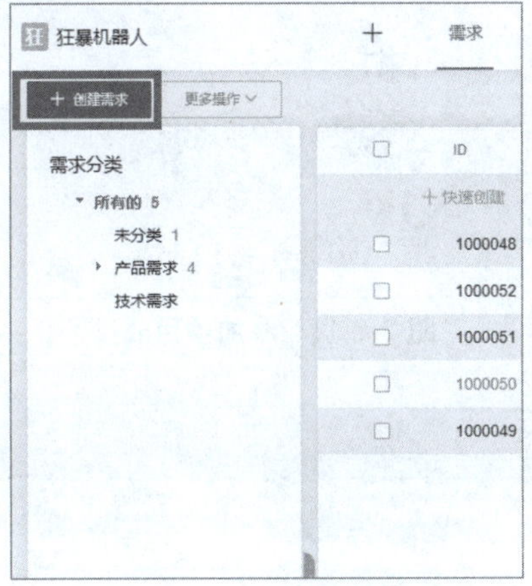

图 3-1-9 创建需求

在图3-1-10中填写好信息需求后，单击“创建”按钮。

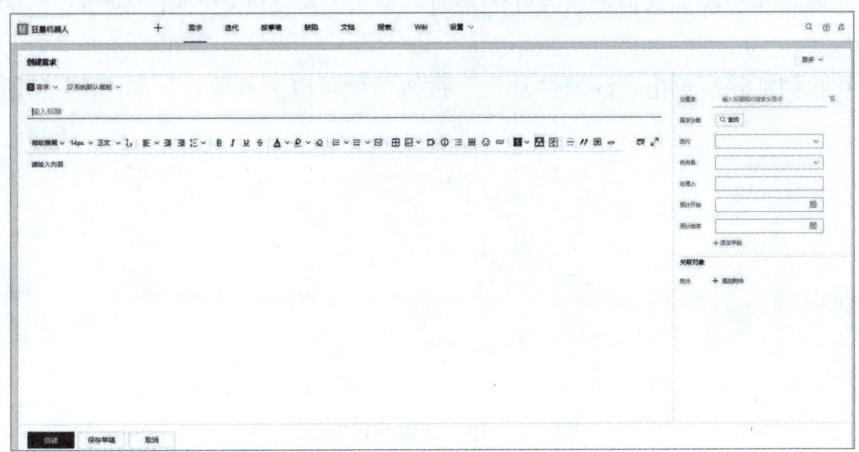

图 3-1-10 提交需求

在图3-1-11中添加项目成员。

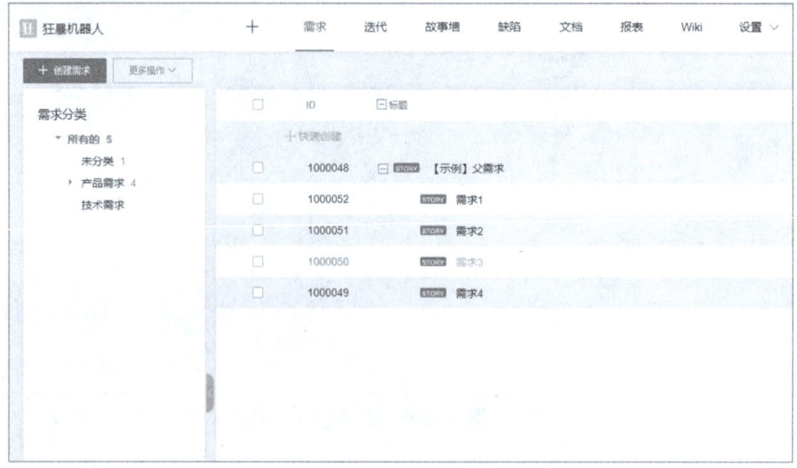

图 3-1-11　添加项目成员

知识链接

添加项目成员步骤：

（1）单击图3-1-11网页最右上角的按钮。

（2）在弹出的界面单击“添加项目成员”按钮。

（3）通过邮箱添加成员，填写好邮箱后，单击“发送邮件邀请”按钮，如图3-1-12所示。

（4）收到邮箱后单击“注册并加入”按钮后就可以加入项目，如图3-1-13所示。

图 3-1-12　发送邮件邀请

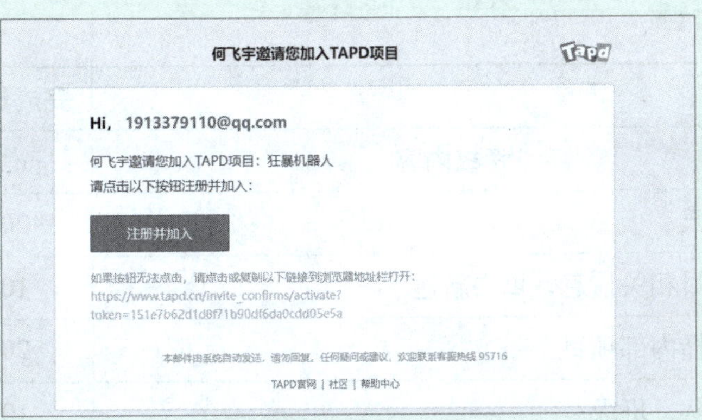

图 3-1-13 加入项目

学习笔记

任务考评

姓名		完成日期	
序号	考核内容	标准分	评分
01	登录码云	20	
02	填写项目相关信息，单击新建	10	
03	类型选择内部项目	20	
04	创建团队、班级	10	
05	创建项目仓库来存放代码	10	
06	登录TAPD创建	10	
07	创建项目开发需求	20	
总评分		100	

任务总结：

任务实训

实训名称	创建代码库
实训目标	（1）掌握Git仓库的创建流程； （2）掌握TAPD的创建流程
实训要求	（1）实现在Git上创建仓库； （2）实现TAPD的创建
实训总结	

任务三 项目实施

任务描述

情境描述	项目经理在之前创建好的项目仓库和TAPD基础上，要求每位参与的成员下载创建好的项目代码，与远程仓库绑定。并登录TAPD查看分配给自己的任务情况。程序员B就是其中的一员，由他来给大家展示如何操作。
任务分解	分析上面的工作情境，将任务分解如下： （1）登录码云，获取仓库地址； （2）找到该项目的项目代码； （3）从远程仓库拷贝代码到本地； （4）在TAPD上查看自己的任务； （5）使用virtualenv创建虚拟环境； （6）创建Unity项目。
任务准备	熟悉前2个任务。

任务目标

知识目标	掌握项目开发工具的使用。
技能目标	能够使用码云和TAPD进行团队协作。
职素目标	耐心与细心，在远程仓库代码拉取过程中，针对代码报错问题要耐心地查找和解决问题。对于TAPD的任务列表能够细心地查看任务情况。

任务实现

首要任务是下载远程仓库代码到本地，之后再通过TAPD查看成员分配的任务，再使用virtualenv工具来创建虚拟环境，这样就可以方便各个项目的环境不受影响。

步骤1： 查看项目。

登录码云打开项目视图，单击“仓库”按钮，获取仓库地址和项目概览图，如图3-1-14所示。

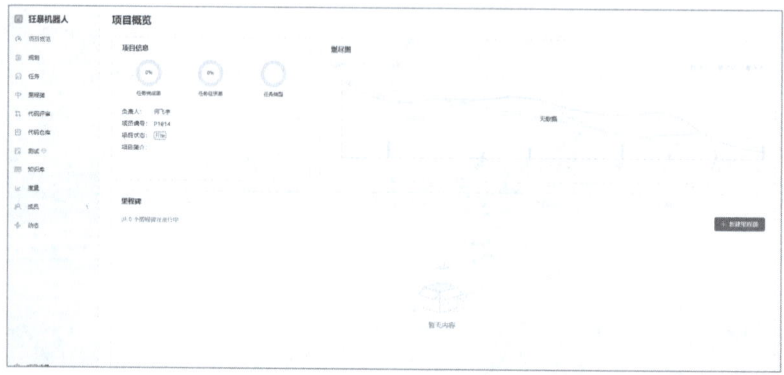

图 3-1-14　项目概览图

（1）查看代码。

单击仓库名为“Data analysis and mining of e-commerce websites ”的仓库中的“代码”，如图3-1-15所示。

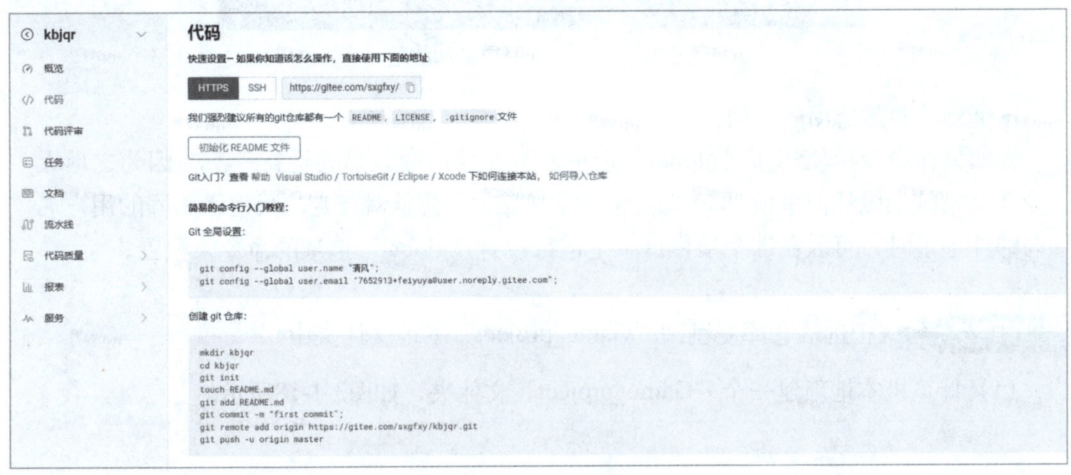

图 3-1-15 仓库总览图

（2）单击 按钮，复制仓库地址，如图3-1-16所示。

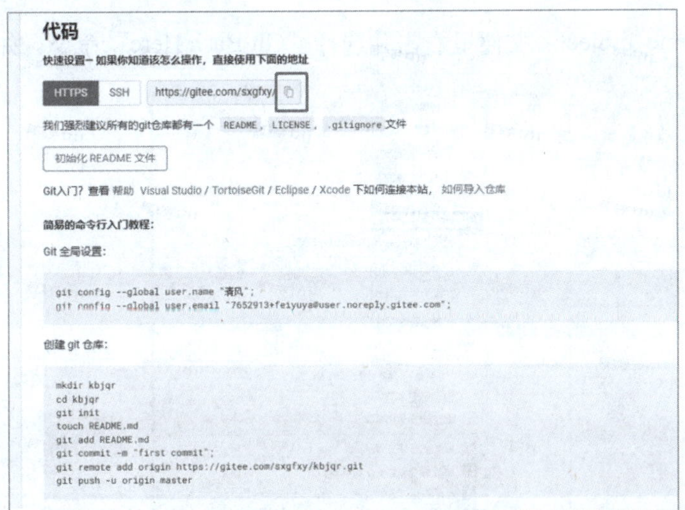

图 3-1-16 仓库代码

知识链接

拉取代码之前需要做的工作：

（1）初始化Git，需要在Git Bash中设置码云用户名和码云注册时的邮箱；

（2）添加自己的码云昵称：git config --global user.name yourname；

（3）添加自己的码云注册时的邮箱：git config --global user.email youremail@xxx.com；

（4）git配置完毕，进入新建仓库，如图3-1-17所示。

```
tianmo@DESKTOP-2JHU1GL MINGW64 ~/Desktop
$ git config --global user.name zidong

tianmo@DESKTOP-2JHU1GL MINGW64 ~/Desktop
$ git config --global user.email nyyvipmail@163.com
```

图 3-1-17　设置用户名和邮箱

global 参数选项的作用：

如果在命令中使用了“global”选项，那么该命令只需要运行一次，因为之后无论在该系统上做任何事情，Git 都会使用这些信息。想针对特定项目使用不同的用户名与邮件地址时，可以在那个项目目录下运行没有“global”选项的命令来配置。

步骤 2： 把远端仓库复制到“Game_project”本地文件夹中。

（1）计算机本地新建一个“Game_project”文件夹，如图3-1-18所示。

名称	修改日期	类型	大小
Game_project	2022/11/21 17:33	文件夹	

图 3-1-18　新建文件夹

（2）在“Game_project”文件里右击并选择“Git Bash Here”命令，如图3-1-19所示。

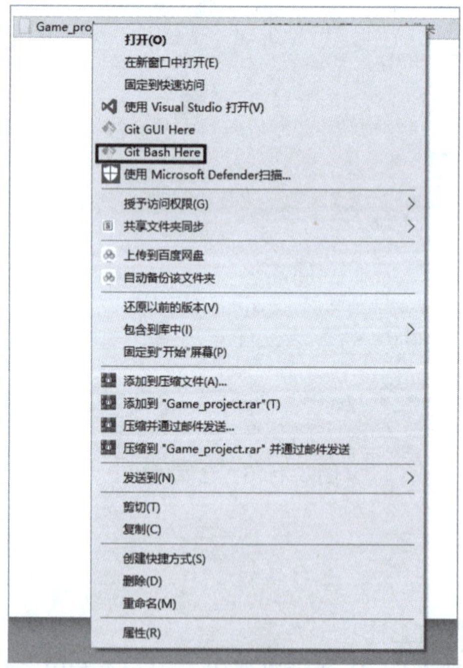

图 3-1-19　选择“Git Bash Here”命令

（3）将远端代码库克隆到本地，如图3-1-20所示。

```
git clone https://gitee.com/sxgfxy/data-analysis-and-mining-of-e-commerce-websites.git
```

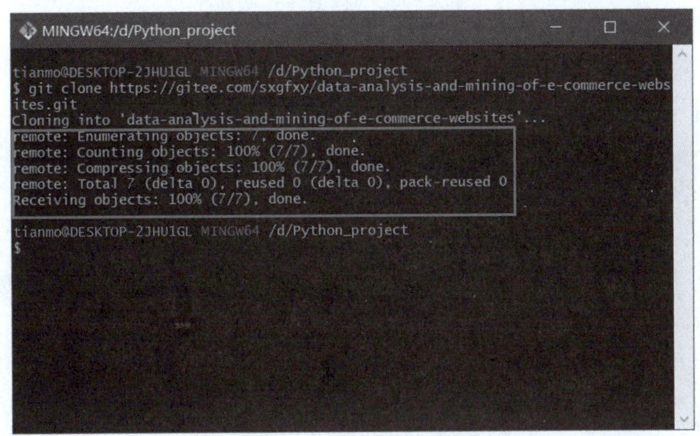

图 3-1-20　克隆代码到本地

代码拉取成功后，本地文件夹中显示如图3-1-21所示。

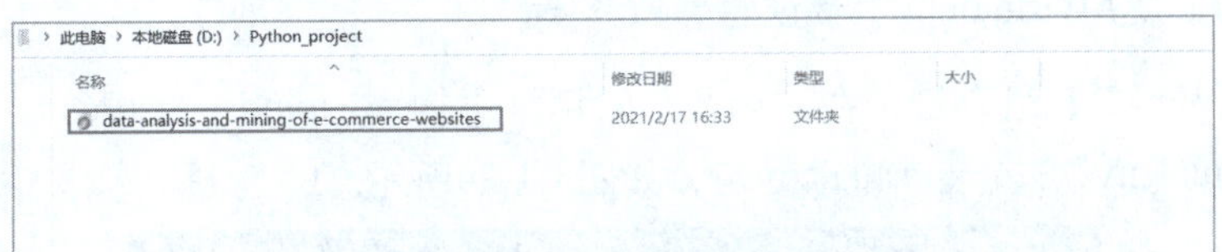

图 3-1-21　代码拉取成功

知识链接

Window本地文件中拉取代码：

（1）在“Game_project”文件里右击并选择“Git Bash Here”命令；

（2）将远端代码库克隆到本地，使用的命令：

```
git clone https://gitee.com/sxgfxy/data-analysis-and-mining-of-e-commerce-websites.git
```

步骤3： 在TAPD查看自己的需求任务。

（1）登录到TAPD查看自己的需求任务，单击需求名称查看需求，如图3-1-22所示。

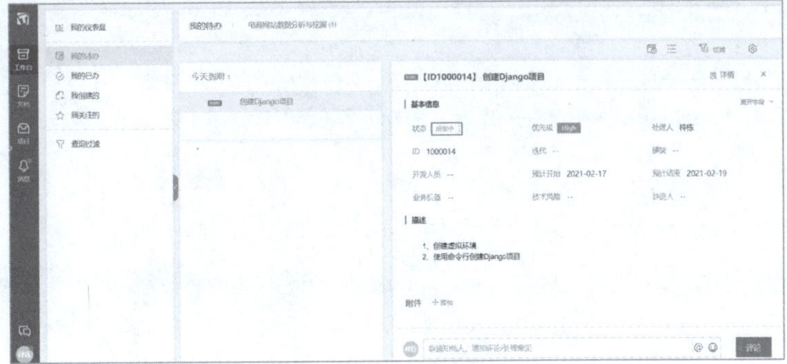
图 3-1-22　查看需求

（2）修改需求状态。

将需求的状态从“规划中”改为“实现中”，如图3-1-23所示。

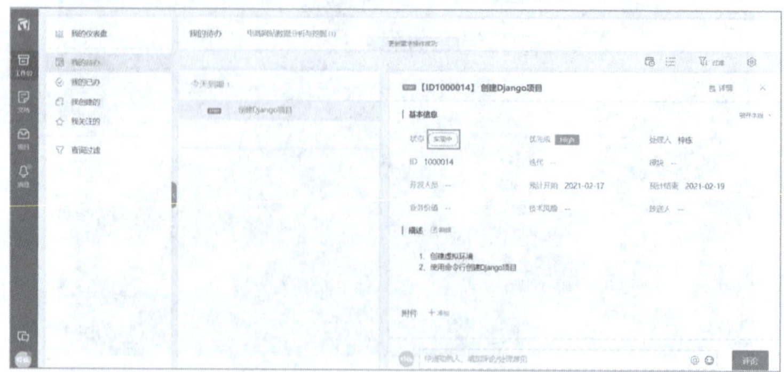

图 3-1-23 修改需求状态

步骤4： 使用virtualenv工具创建虚拟环境。

（1）按【Win+R】组合键，在“运行”对话框中输入“cmd”打开命令行窗口，输入“pip install virtualenv”，安装virtualenv包，如图3-1-24所示。

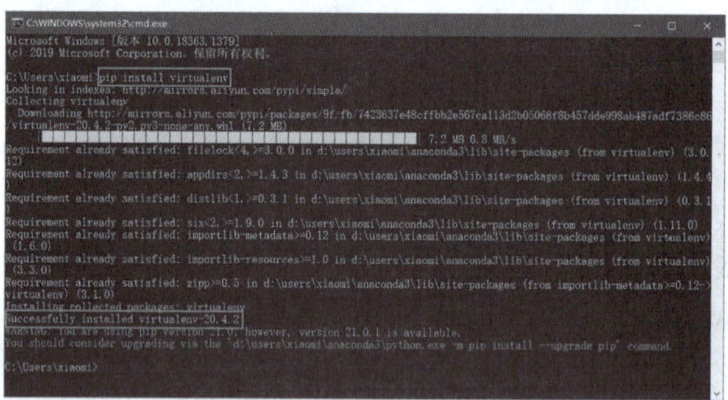

图 3-1-24 安装 virtualenv 包

（2）命令行窗口。

在“Game project”文件夹的地址栏中输入“cmd”，如图3-1-25所示，打开命令行窗口。

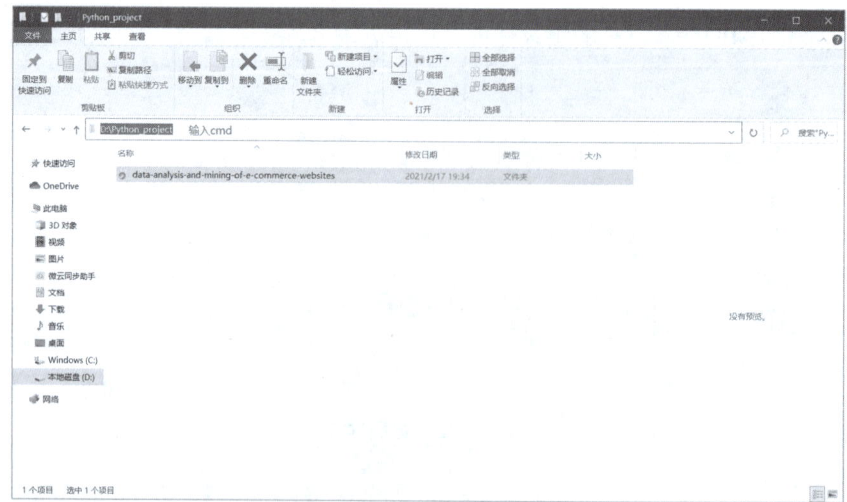

图 3-1-25 在地址栏中输入“cmd”

（3）激活虚拟环境。

在命令行窗口输入“virtualenv project_env”，打开activate.bat文件激活虚拟环境，如图3-1-26所示。

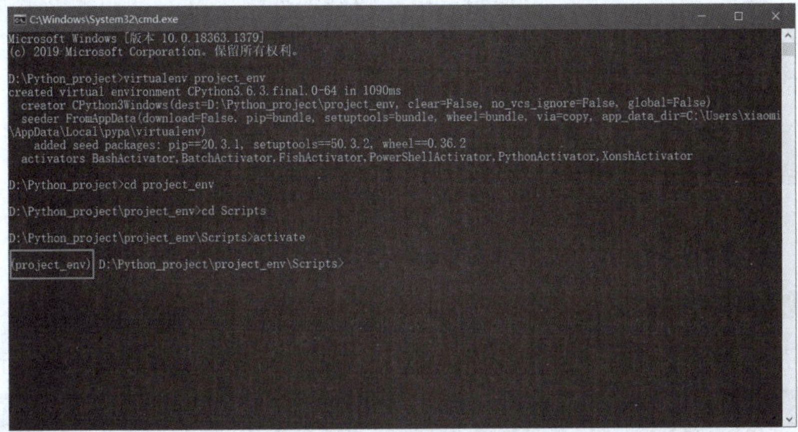

图 3-1-26　激活虚拟环境

（4）搭建电商网站项目环境，安装Django和pymysql这两个包，如图3-1-27所示。

命令如下：

```
pip install Django=2.1.2
pip install pymysql
```

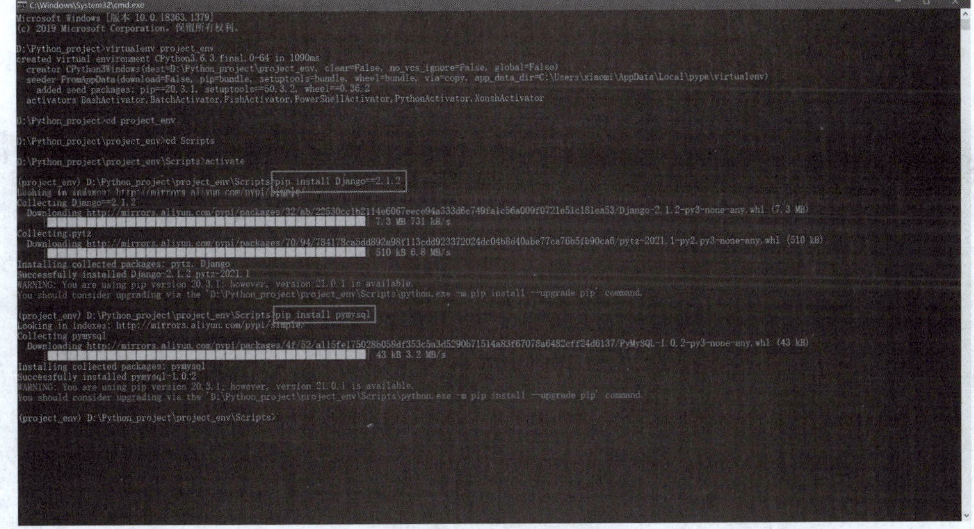

图 3-1-27　安装依赖包

知识链接

virtualenv是一个创建隔绝的Game环境的工具。virtualenv创建一个包含所有必要的可执行文件的文件夹，用来使用Game工程所需的包。

简单地说就是一个隔绝的Game环境，在开发不同程序时，往往需要在不同的环境下开发，每个应用可能需要各自一套“独立”的运行环境，virtualenv就是为此而生，用来创建一套这样的“隔离”的运行环境。在虚拟环境中安装依赖包也是通过“pip install 包名”来安装的。

删除依赖包：

```
pip uninstall 包名
```

修改依赖包：

```
pip install 包名==版本号
```

步骤5: 创建Django项目。

（1）打开命令行窗口进入到从码云所拉取的本地代码库中，如图3-1-28所示。

```
(project_env) D:\Python_project\project_env\Scripts>cd ,
D:\Python_project\project_env\Scripts

(project_env) D:\Python_project\project_env\Scripts>cd ..

(project_env) D:\Python_project\project_env>cd ..

(project_env) D:\Python_project>cd data-analysis-and-mining-of-e-commerce-websites

(project_env) D:\Python_project\data-analysis-and-mining-of-e-commerce-websites>
```

图 3-1-28　进入本地仓库

（2）使用“django-admin startproject electronic_business_website”命令创建Django项目，如图3-1-29所示。

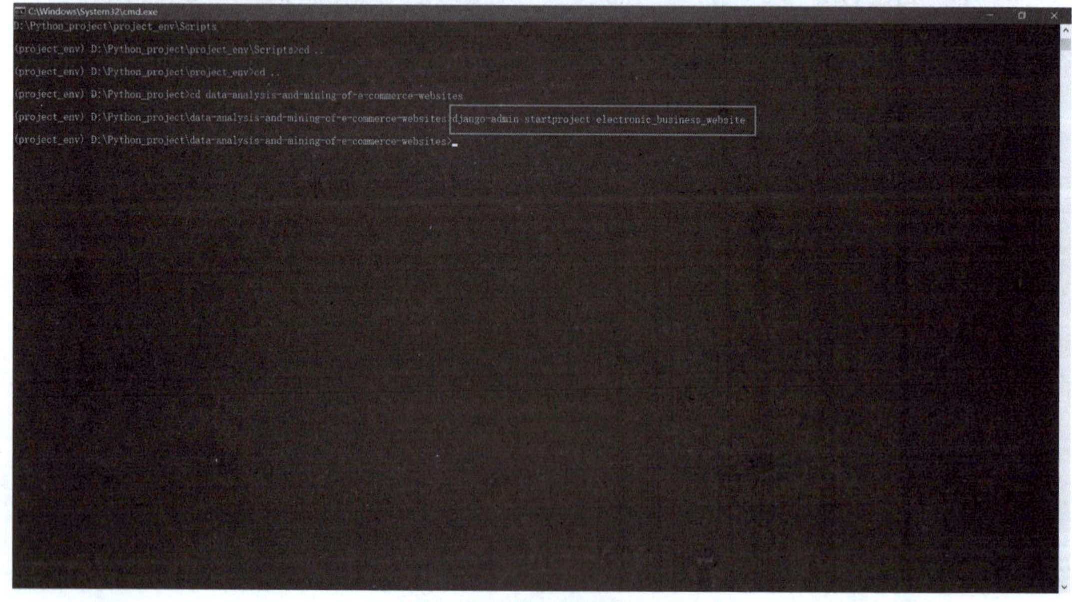

图 3-1-29　创建 Django 项目

项目创建成功后，如图3-1-30所示。

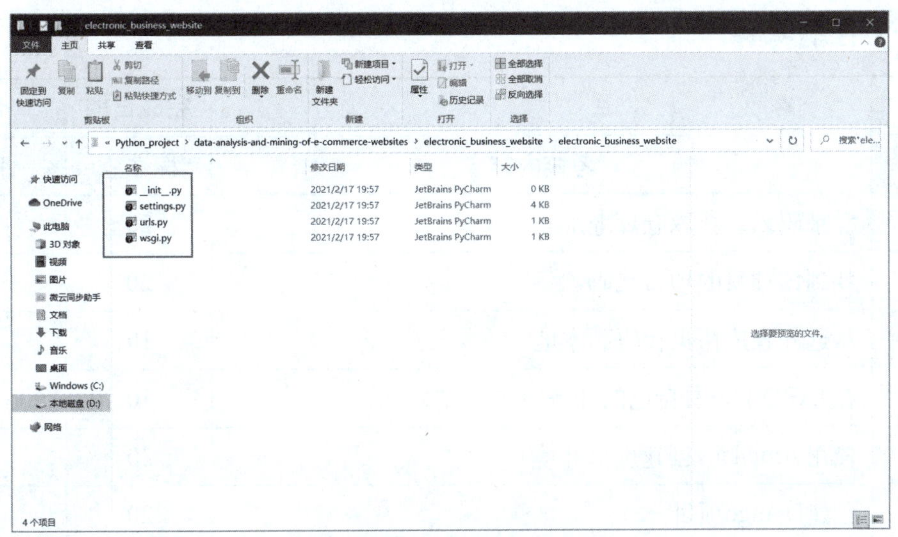

图 3-1-30　项目创建成功

知识链接

Django-admin是Django的一个命令行管理工具，用以对Django项目执行某些命令操作。常见的Django-admin命令：

（1）创建项目：startproject；

（2）创建应用：startapp；

（3）启动项目：runserver。

任务考评

姓名		完成日期	
序号	考核内容	标准分	评分
01	登录码云，获取仓库地址	20	
02	找到该项目的项目代码	20	
03	从远程仓库拷贝代码到本地	10	
04	在TAPD上查看自己的任务	10	
05	使用virtualenv创建虚拟环境	20	
06	创建Django项目	20	
总评分		100	

任务总结：

任务实训

实训名称	项目立项
实训目标	(1) 掌握拉取代码步骤； (2) 清楚自己的任务
实训要求	完成将仓库拷贝代码到本地
实训总结	

模块二 操 控

此部分将介绍游戏的基本元素，可以进一步了解游戏的开发思路，对整个开发过程也会更加熟悉。使用 Unity 时，场景开发是开发者的主要工作之一。游戏中的主要功能也都是在场景中实现的，场景包含了多个游戏对象，例如，主角、武器等。这些也是需要进行开发的，其中某些对象还被附加了特定功能的脚本。

任务一 创建场景

任务描述

情境描述	程序员A接到了项目经理的任务来动手开发“狂暴的机器人”游戏。首先需要做的就是游戏开发的第一步：创建场景。这是一个游戏运行的基本环境，所以创建合适的场景至关重要。
任务分解	分析上面的工作情境，将任务分解如下： （1）打开场景； （2）新建标签； （3）设置标签； （4）烘焙导航。
任务准备	了解该项目的基本设计模型和游戏规则，具有码云和TAPD账号。

任务目标

知识目标	掌握场景设计的基本步骤。
技能目标	学会码云和TAPD的使用，Unity设计场景的步骤
职素目标	工作质量意识：场景创建是整个游戏开发的基本步骤，要保证每个环节的正确，才能更有效地帮助到后续程序员的开发过程，保证工作质量意识。

任务实现

步骤1: 从码云上拉取代码。

操作步骤见本单元模块一。

步骤2： 在TAPD查看任务。

操作步骤见本单元模块一。

步骤3： 创建场景。

（1）打开场景。

在Unity中打开启动项目。在项目视图中，打开“Scenes/Battle”，如图3-2-1所示。

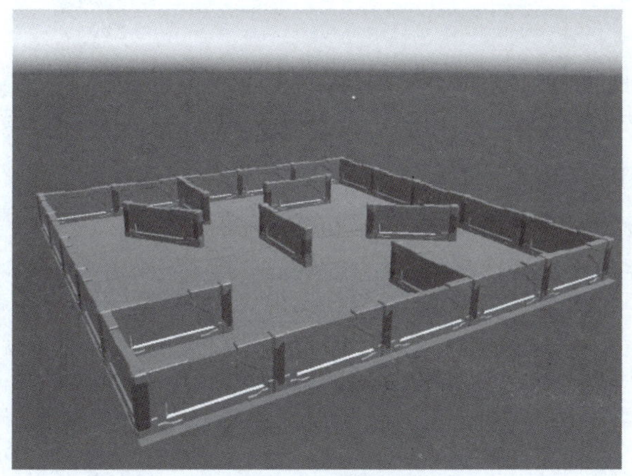

图 3-2-1 原始场景

视频

创建场景

（2）新建标签。

需要设置“Wall”的游戏对象，避免机器人AI撞到墙上。

Tag是一个用来标识游戏对象的文本。每个游戏对象只能有一个标记。通过给每个墙的游戏对象分配一个标签，再为机器人设置一些寻路规则，这样它们就可以绕开墙走动。

在层级视图中，单击“InnerWalls”游戏对象。在检视视图中，单击“Tag”下拉列表，然后选择“Add Tag”命令，如图3-2-2所示。

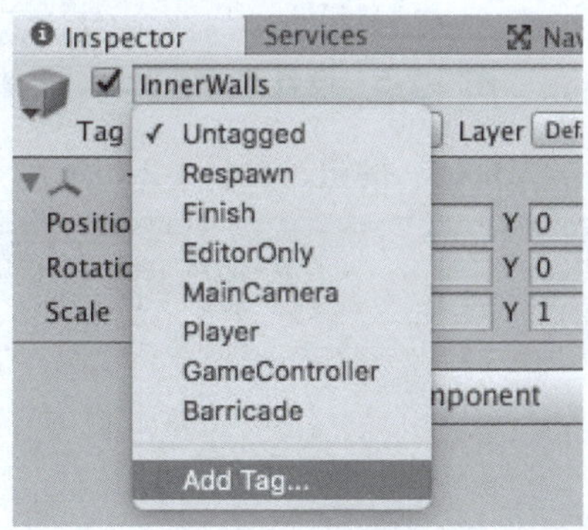

图 3-2-2 添加标签

单击“Tags”窗口中的加号按钮，然后新建一个“Wall”标签，如图3-2-3所示。

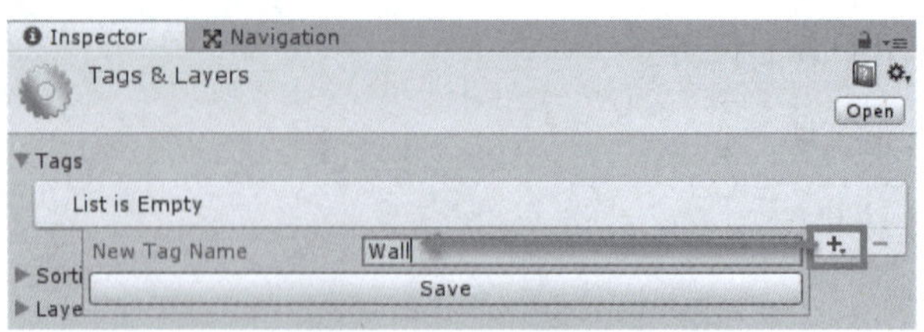

图 3-2-3　新建标签

（3）设置标签。

通过单击层级视图中“InnerWalls”游戏对象左边的箭头展开它。选择它所有子对象（名称为“Wall”和“WallPost”）。快速的方法是选择第一个游戏对象，然后按住【Shift】键并单击最后一个游戏对象。选中所有子对象后，单击“Tag”下拉列表并选择刚刚创建的“Wall”标签，如图3-2-4所示。

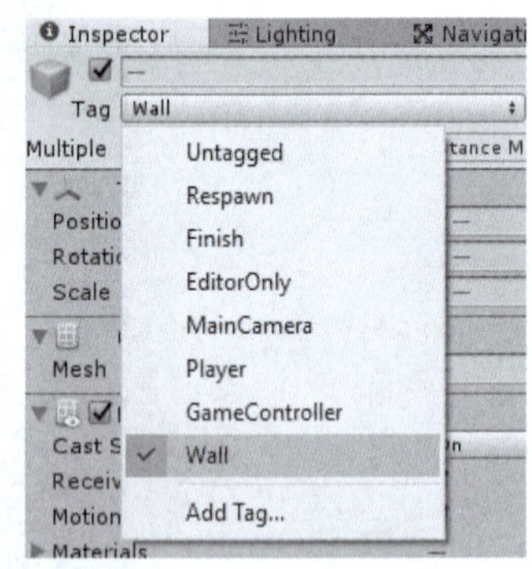

图 3-2-4　选择标签

当所有的墙壁都被标记为“Wall”时，可以开始着手为机器人添加“NavMesh”了。

（4）烘焙导航。

通过“Window/Navigation”打开“Navigation”视图。确保选中了所有的“Wall”和“WallPost”游戏对象，并确保选中了“Object”选项卡中的“Navigation Static”复选框，如图3-2-5所示。

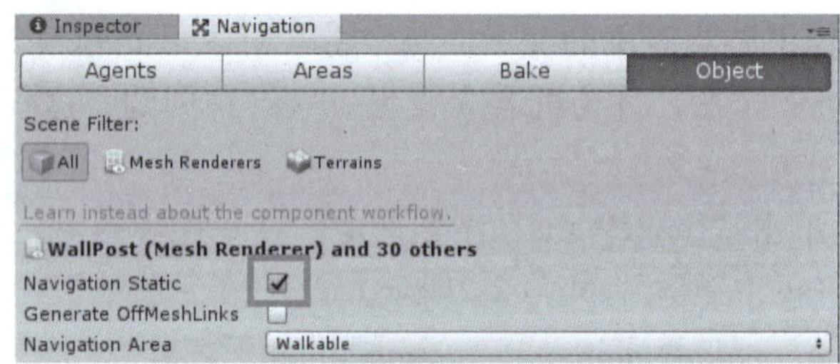

图 3-2-5　设置 Navigation

选择“Bake”标签并单击“Bake”按钮，如图3-2-6所示。

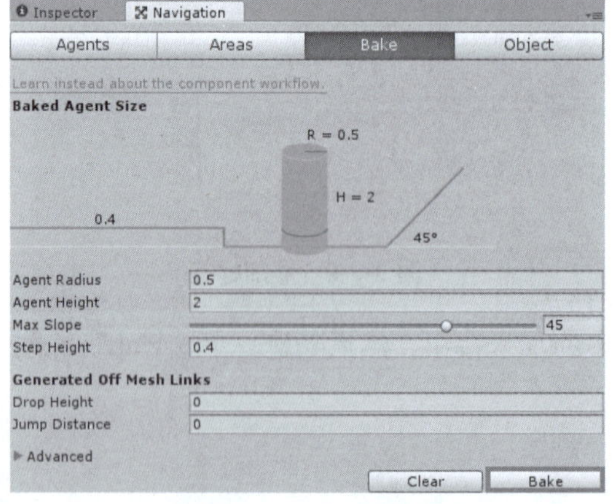

图 3-2-6　烘焙导航

可以看到场景中出现了浅蓝色的面片，如图3-2-7所示

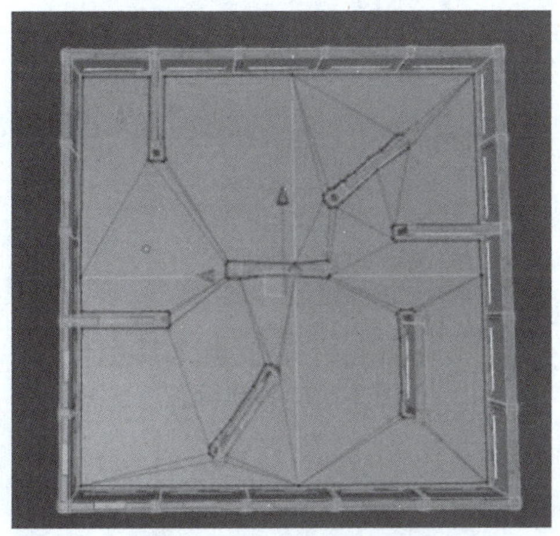

图 3-2-7 场景导航图

这个浅蓝色的面片就是被限制后的机器人可移动区域。

拓展提高——完成场景创建

（1）在Unity中打开启动项目。在项目视图中，打开“Scenes/Battle”，在层级视图中，单击“InnerWalls”游戏对象。在检视视图中，单击“Tag”下拉列表，然后选择“Add Tag”命令，如图3-2-8所示。

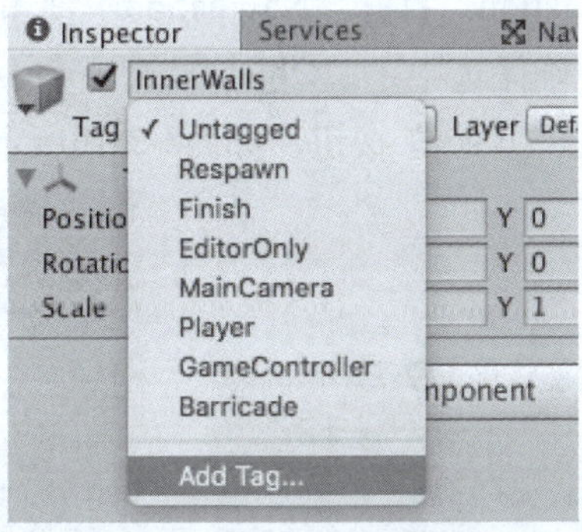

图 3-2-8 添加 Tag

知识链接

① 导航到要创建新场景的文件夹。右击左侧窗格中的文件夹，或右击右侧窗格中的空白区域，然后从弹出的菜单选择 Create\Scene。

② 当从菜单创建新场景时，Unity 会自动复制项目的 Basic 模板，并将新场景添加到选定的文件夹中。

（2）通过单击层级视图中“InnerWalls”游戏对象左边的箭头展开它。选择它所有子对象（名为“Wall”和“WallPost”）。快速的方法是选择第一个游戏对象，然后按住【Shift】键并单击最后一个游戏对象。选中所有子对象后，单击“Tag”下拉列表并选择刚刚创建的“Wall”标签，如图3-2-9所示。

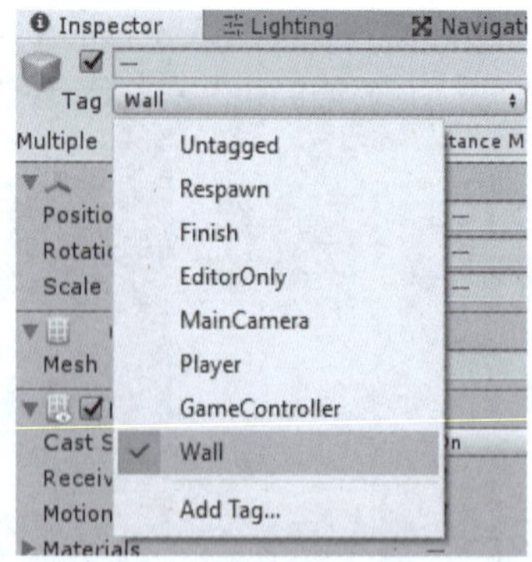

图 3-2-9　Wall 标签

知识链接

标签（Tag）是可分配给一个或多个游戏对象的参考词。例如，可为玩家控制的角色定义“Player”标签，并为非玩家控制的角色定义“Enemy”标签。还可以使用“Collectable”标签定义玩家可在场景中收集的物品。

标签有助于识别游戏对象以便于编写脚本。通过使用标签，不需要使用拖放方式手动将游戏对象添加到脚本的公开属性，因此可以节省在多个游戏对象中使用相同脚本代码的时间。

（3）通过“Window/Navigation”打开“Navigation”视图。确保选中了所有的“Wall”和“WallPost”游戏对象，并确保选中了“Object”选项卡中的“Navigation Static”复选框，选择“Bake”标签并单击“Bake”按钮，如图3-2-10所示。

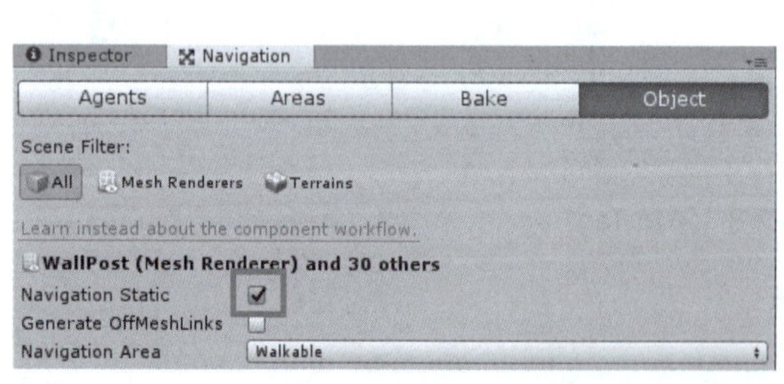

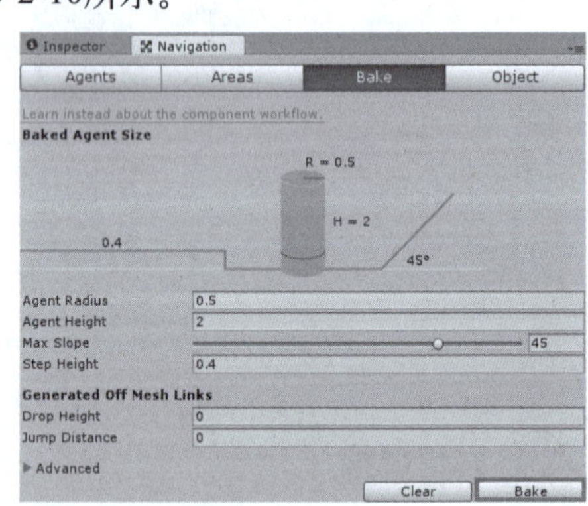

图 3-2-10　导航设置

知识链接

导航系统可让您创建能够在游戏世界中导航的角色。该系统让角色能够理解自身需要走楼梯才能到达二楼或跳过沟渠。Unity 导航网格（NavMesh）系统包含以下部分：

导航网格（即 Navigation Mesh，缩写为 NavMesh）是一种数据结构，用于描述游戏世界的可行走表面，并允许在游戏世界中寻找从一个可行走位置到另一个可行走位置的路径。该数据结构是从关卡几何体自动构建或烘焙的。

任务考评

姓名		完成日期	
序号	考核内容	标准分	评分
01	打开场景	20	
02	设置“Wall”游戏对象	20	
03	选择“Add Tag”命令	10	
04	选择所有对象	10	
05	配置刚才新建好的标签	20	
06	烘焙导航	20	
总评分		100	

任务总结：

任务实训

实训名称	创建场景
实训描述	掌握场景的创建方法
实训要求	完成场景的创建
实训总结	

任务二 添加主角

任务描述

情境描述	程序员B从码云上下载了目前项目的代码，发现场景布置好了，但是作为第一人称射击游戏，怎么能不先添加个主角进去呢？于是他开始了添加主角的工作。
任务分解	分析上面的工作情境，将任务分解如下： （1）导入标准资源包； （2）调整脚本； （3）添加组件； （4）绑定摄像机； （5）配置碰撞器。
任务准备	了解码云的使用，熟悉Unity软件的基本界面。

任务目标

知识目标	熟悉创建主角的过程。
技能目标	使用Unity创建主角的各个功能。
职素目标	耐心和细心：在主角添加的过程中，对软件使用出现的各个问题能耐心地解决，对于模型的细节部分也能细心地完成。

任务实现

视频

添加主角

步骤1： 导入标准资源包。

在层级视图中，创建一个空的游戏对象并命名为“Player”。案例将使用Unity自带的Character Controller（角色控制器），并稍做修改来实现玩家对主角的控制。选择菜单栏中的“Assets\ImportPackage\Characters”命令，导入标准资源。

注意：

如果在 ImportPackage 中看不到“Character Controller”选项，说明在安装 Unity 时没有导入 Standard Assets（标准资产）。要修复此问题，需要重新执行 Unity 安装程序，只安装 Standard Assets。标准的 Unity 资产就像任何常规包一样。它只是一个文件的集合。

单击菜单上的“Import”按钮以导入“Characters”资产，如图3-2-11所示。

导入完成后，可以看到项目视图中多出了一个名为“Standard Assets”的新文件夹。这包含刚刚导入的所有内容。

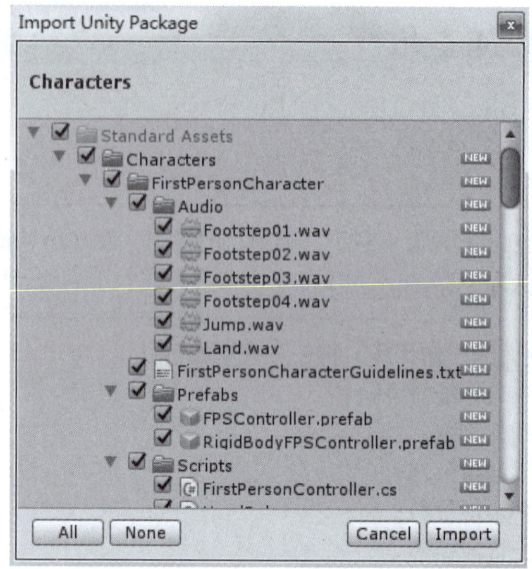

图 3-2-11　导入“Characters”资产

步骤2: 调整脚本。

第一个修改是删除跳跃和其他一些不需要的动作，如脚步声和headbobbing。本游戏没有跳跃障碍，默认情况下，Unity的Character Controller使用空格键跳跃。

在代码编辑器中，打开位于项目视图“Assets/Standard Assets/Characters/FirstPerson Character/Scripts”中的FirstPersonController脚本。

注释第39行、50行、112到127行、165到176行和182到200行。注释单行代码很简单，只需要将“//”放在该行的最前面即可。

步骤3: 添加组件。

保存脚本并切换回Unity。将First Person Controller脚本拖到Player游戏对象上。单击Player游戏对象，使用检视视图中设置Position为（23.7，0.98，24.11），Rotation到（0，-88.18401，0）。

这使主角出生在一个角落里并面对走廊的出口，而不是盯着墙。

First Person Controller脚本还具有控制跑步速度和行走速度的值。将Player的Walk Speet设置为10，Run Speet设置为20，如图3-2-12所示。

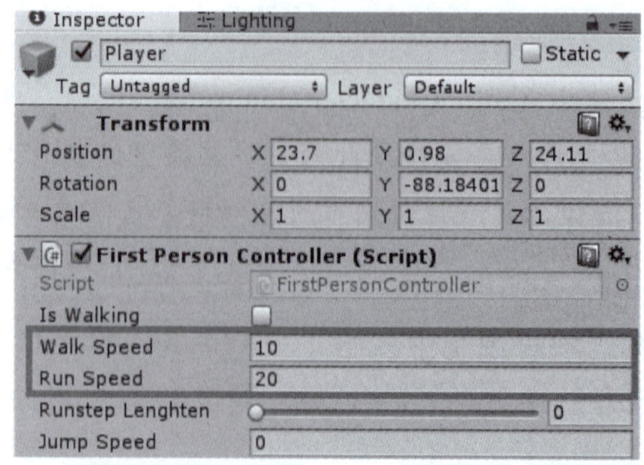

图 3-2-12　设置参数

跑步和步行的设置很适合这个游戏。读者如果有兴趣，可以研究一些其他的参数，或许能发现其他有意思的东西。

步骤4: 绑定摄像机。

目前，相机和主角都是独立的，但是作为第一人称游戏，需要它们是一个整体。

单击Camera游戏对象，将它拖到Player游戏对象上，使其成为Player的子对象。相机现在将与主角一起移动。

将Camera的Position设置为（0，0.8，0），Rotation为（0，0，0）。

运行游戏，使用WASD键移动，鼠标移动时环顾四周。还可以按住【Shift】键进行奔跑。

在使用第一人称角色控制器时，停止游戏可能会有点困难，因为鼠标指针不可用。可以通过【Ctrl+P】组合键退出播放模式。

步骤5: 配置碰撞器。

添加第一人称控制器后，不需要再配置胶囊碰撞器了。因为它已经包含一个胶囊碰撞器。

保持Player游戏对象仍被选中时，在检视视图中找到Character Controller组件，并设置Center（中心点）为（0，0，0），Radius（半径）为1.8，Height（高度）为5，如图3-2-13所示。

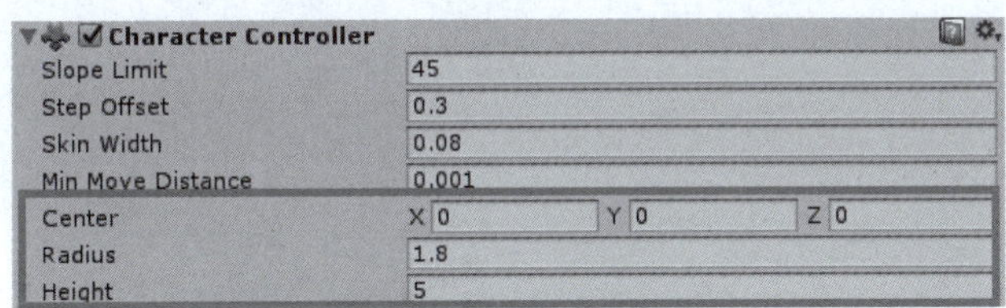

图 3-2-13 设置参数

学习笔记

任务考评

姓名		完成日期	
序号	考核内容	标准分	评分
01	导入标准资源包	20	
02	调整脚本	20	
03	添加组件	20	
04	将Camera设置成Player的子对象	10	
05	设置坐标	10	
06	配置碰撞器	20	
	总评分	100	

任务总结：

任务实训

实训名称	调整摄像机和碰撞器的坐标，看看会发生什么
实训目标	了解各个参数的意义
实训要求	（1）完成人物的创建； （2）完成摄像机跟随
实训总结	

任务三 创建武器

任务描述

情境描述	程序员A接着上一个程序员的工作进行，射击游戏的主角需要具备武器来攻击敌人，他查阅了相关资料，明白了如何来创建武器。
任务分解	分析上面的工作情境，将任务分解如下： （1）添加手枪； （2）添加突击步枪； （3）添加猎枪； （4）设置武器标签。
任务准备	人物和场景模型设计完成，掌握Unity基本操作界面。 （1）Transform属性：应用于元素的2D或3D转换。这个属性允许将元素旋转、缩放、移动、倾斜等。 （2）动画的创建方法： 导入模型和动画进行设置，创建Animator组件，如图3-2-14所示 创建并设置Animator Controller 如图3-2-15所示 图 3-2-14　添加动画组件 图 3-2-15　创建设置 Animator Controller 设置脚本进行动画的控制。

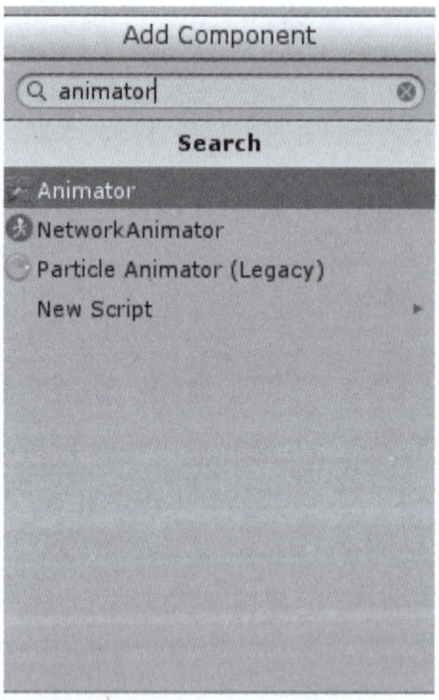

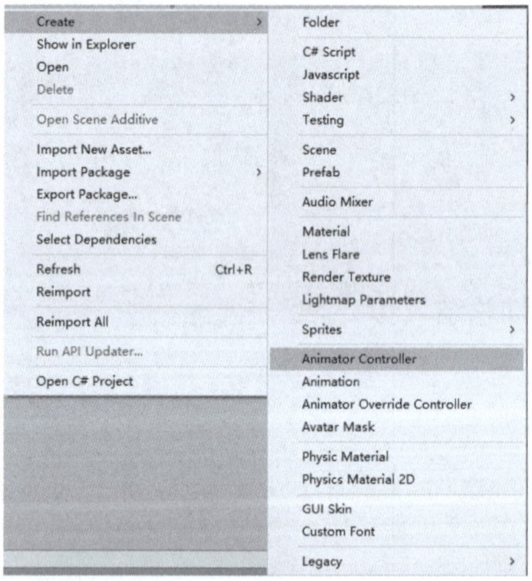

任务目标

知识目标	了解武器的创建。
技能目标	学习创建手枪、突击步枪、猎枪和武器标签的设置。
职素目标	耐心和细心：在武器的创建过程中，对软件使用出现的各个问题能耐心地解决，对于模型的细节部分也能细心地完成。

任务实现

以下通过具体的步骤来实现不同武器的创建，分别添加了手枪、突击步枪和猎枪。同样的枪的位置信息，读者可以自己来进行调整到合适位置，找到第一人称射击的感觉即可，最后给每个枪设置标签来方便后续管理。

步骤1: 添加手枪。

视频

创建武器

在Unity中，枪只是另一个游戏对象。最大的区别在于视角。把它靠近镜头，立刻就能找到第一人称射击的感觉。

选择Camera游戏对象，然后右击它并在弹出的菜单中选择“Create Empty”命令，创建一个空的子游戏对象，命名为“1Pistol”。名字前面的数字是指玩家将使用的装备ID。

将项目视图中“Models/RobotRampage_Pistol”模型拖到1Pistol 游戏对象上。

将1Pistol 游戏对象的Position设置为 (0.69，-0.72，1.26)，Rotation设置为 (0，0，0)。最后手枪的位置如图3-2-16所示。

图 3-2-16　添加手枪的位置

在检视视图中，通过取消“1Pistol”旁边的复选框隐藏手枪，所以可以添加另一支枪，如图3-2-17所示。

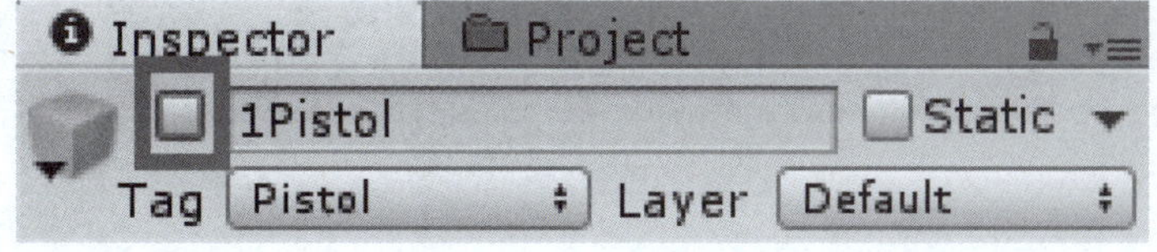

图 3-2-17　隐藏手枪

步骤2: 添加突击步枪。

在Camera下创建另一个空的子游戏对象，并命名为“2AssaultRifle”。将RobotRampage_AssaultRifle 模型拖到新的游戏对象下面。将2AssaultRifle 的Position设置为（0.54，-0.67，0.913），Rotation设置为（0，0，0），并将Scale设置为（0.01，0.01，0.01）。

添加完突击步枪后隐藏突击步枪。

步骤3： 添加猎枪。

同样的方法来创建猎枪，命名为“3Shotgun”，并使用RobotRampage_Shotgun模型。将3Shotgun的Position设置为（0.3，-0.36，0.65），Rotation设置为（0，0，0），并将Scale设置为（0.01，0.01，0.01）。

添加猎枪后隐藏猎枪。

现在有三把武器添加到游戏中。启用1Pistol 游戏对象并保持隐藏2AssaultRifle 和3Shotgun 游戏对象，如图3-2-18所示。

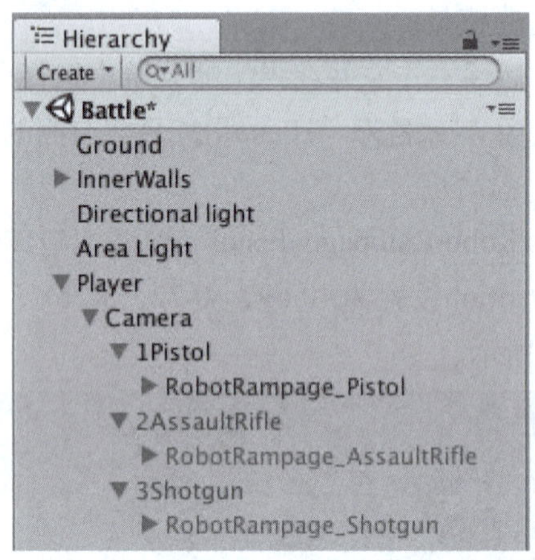

图 3-2-18　启用手枪

当玩家切换枪时，会激活指定的枪，并隐藏其他的枪。运行游戏，然后使用其中一个武器四处走动，如图3-2-19所示。

图 3-2-19　运行效果

知识链接

添加手枪、猎枪、突击步枪，通过是否激活各枪的游戏物体去实现切枪。

记住SetActive改变的是自身的activeSelf和子物体的activeInHierarchy，如果有一个子物体的activeSelf是false，就算父物体SetActive（true），该子物体activeSelf是不变的。

步骤4： 设置武器标签。

为每个武器设置标签。

首先创建三个新的Tag，它们是Pistol、AssaultRifle和Shotgun。

然后给武器分配对应的标签。1Pistol设置Tag为Pistol，2AssaultRifle设置为AssaultRifle，3Shotgun设置为Shotgun，如图3-2-20所示。

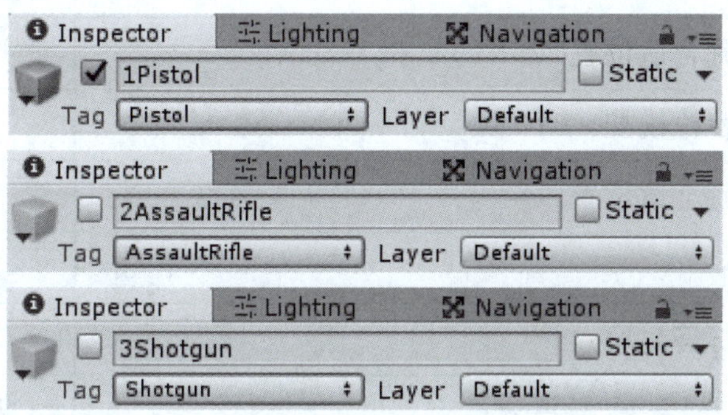

图 3-2-20 设置标签

随着所有标记和准备就绪，接下来就要进入到代码编辑工作中了。

知识链接

标签对碰撞体控制脚本中的触发器很有用；例如，需要通过标签确定玩家是否与敌人、道具或可收集物进行交互。

学习笔记

任务考评

姓名		完成日期	
序号	考核内容	标准分	评分
01	添加手枪模型	10	
02	调整坐标到合适位置	15	
03	添加突击步枪模型	10	
04	调整坐标到合适位置	15	
05	添加猎枪	25	
06	设置武器标签	25	
	总评分	100	

任务总结：

任务实训

实训名称	创建武器
实训描述	掌握预设物的使用
实训要求	（1）完成添加枪的模型； （2）完成将模型调整到合适的位置； （3）完成为枪添加标签
实训总结	

任务四 创建常量文件

任务描述

情境描述	程序员A了解到在该项目中需要具备常量文件来进行声明，所以他决定开始在项目中实现常量的声明。
任务分解	分析上面的工作情境，需要完成创建Constants脚本。
任务准备	（1）了解创建文件的方法； （2）熟知C#脚本语言。

任务目标

知识目标	学会创建常量文件。
技能目标	使用C#创建Constants脚本。
职素目标	耐心和细心：在脚本的创建过程中，对软件使用出现的各个问题能耐心地解决。

视频

创建常量文件

任务实现

步骤： 创建Constants脚本。

在项目视图中右击Assets文件夹，选择“Create\Folder”命令创建一个新文件夹，命名为“Scripts”。在Scripts文件夹中，创建一个C#脚本，命名为“Constants”。

在脚本编辑器中打开Constants脚本，并将文件的内容替换为：

```
public class Constants {
    // Scenes
    public const string SceneBattle = "Battle";
    public const string SceneMenu = "MainMenu";
    // Gun Types
    public const string Pistol = "Pistol";
    public const string Shotgun = "Shotgun";
    public const string AssaultRifle = "AssaultRifle";
    // Robot Types
    public const string RedRobot = "RedRobot";
    public const string BlueRobot = "BlueRobot";
    public const string YellowRobot ="YellowRobot";
    // Pickup Types
    public const int PickUpPistolAmmo = 1;
    public const int PickUpAssaultRifleAmmo = 2;
    public const int PickUpShotgunAmmo = 3;
    public const int PickUpHealth =4;
```

```
    public const int PickUpArmor = 5;
    // Misc
    public const string Game = "Game";
    public const float CameraDefaultZoom = 60f;
}
```

每个注释部分表示即将在脚本中用到的数据类型。现在不需要知道每个常量是做什么的；在接下来的几节中，将会逐个介绍它们。

为武器交换逻辑创建枪的类型。在“}”前添加以下内容：

```
public static readonly int[] AllPickupTypes = new int[5]
{
    PickUpPistolAmmo,
    PickUpAssaultRifleAmmo,
    PickUpShotgunAmmo,
    PickUpHealth,
    PickUpArmor
}
```

这表示所有可能的拾取类型。

拓展提高——创建 Constants 文件

（1）在Assets中创建一个文件夹命名为Script，如图3-2-21所示。

知识链接

在Assets中不要直接创建，要分类创建以方便资源多时也能方便查找。

（2）创建一个脚本Constants，如图3-2-22所示。

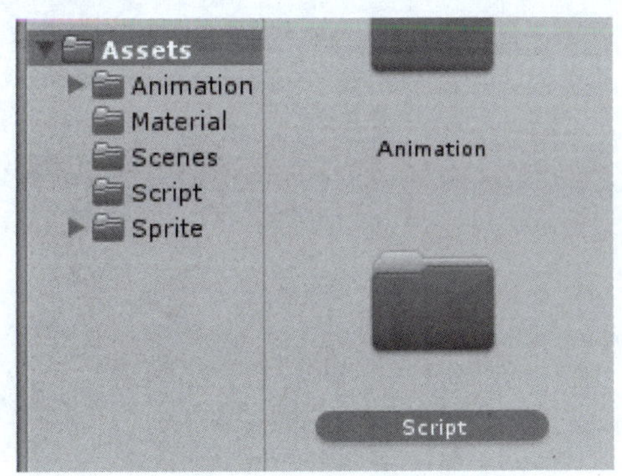

图 3-2-21　创建文件夹

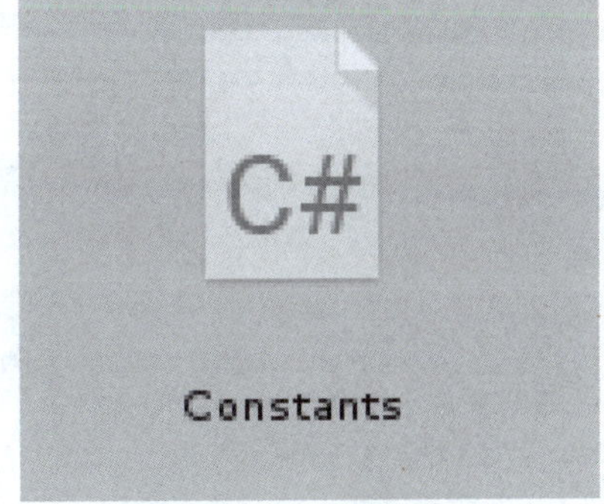

图 3-2-22　创建脚本

知识链接

创建脚本时最好使用有意义的名称以方便认识。

任务考评

姓名		完成日期	
序号	考核内容	标准分	评分
01	成功创建Constants文件	100	
总评分		100	
任务总结：			

任务实训

实训名称	创建常量文件
实训目标	掌握常量的创建
实训要求	实现创建Constants文件
实训总结	

任务五 武器逻辑

任务描述

情境描述	程序员B总结了之前做的功能，发现枪的模型都设计好了，但是根据客户经理的要求还需要对枪之间的切换做出设计，所以就由他来负责这个部分。
任务分解	分析上面的工作情境，将任务分解如下： （1）切换武器； （2）添加脚本。
任务准备	（1）了解C#脚本语言的语法； （2）按钮单击事件的几种方法： • 可视化创建及事件绑定； • 通过直接绑定脚本来绑定事件； • 通过 EventTrigger 实现按钮单击事件； • 通过 MonoBehaviour 实现事件类接口来实现事件的监听。

任务目标

知识目标	掌握武器直接是如何进行切换的。
技能目标	使用C#语言来实现各个具体的步骤。
职素目标	耐心和细心：在武器的切换过程中，对软件使用出现的各个问题能耐心地解决，对于脚本代码的细节部分也能细心地完成。

武器逻辑

任务实现

以下通过两个步骤来实现武器逻辑设计，最终可以达到按键来切换三个武器的效果。

步骤1： 切换武器。

保存脚本，回到Unity。在Scripts文件夹中新建一个C#脚本，将其命名为“GunEquipper”，添加以下变量代码：

```
public static string activeWeaponType;
public GameObject pistol;
public GameObject assaultRifle;
public GameObject shotgun;
GameObject activeGun;
```

每个GameObject类型的变量都引用对应的枪，activeGun保持跟踪目前装备的枪。再修改Start()方法，代码如下：

```
void Start () {
activeWeaponType = Constants.Pistol;
```

```
activeGun = pistol;
}
```

将手枪作为默认使用的枪。

当玩家切换武器时，加载对应的武器。添加以下方法：

```
private void loadWeapon(GameObject weapon) {
pistol.SetActive(false);
assaultRifle.SetActive(false);
shotgun.SetActive(false);
weapon.SetActive(true);
activeGun = weapon;
}
```

loadWeapon()方法将关闭所有枪的游戏对象，仅仅激活参数传入的游戏对象，然后更新activeGun引用。从Update()方法中调用loadWeapon()方法，代码如下：

```
void Update () {
if(Input.GetKeyDown("1")) {
    loadWeapon(pistol);
    activeWeaponType = Constants.Pistol;
}
else if(Input.GetKeyDown("2")) {
    loadWeapon(assaultRifle);
    activeWeaponType = Constants.AssaultRifle;
}
else if(Input.GetKeyDown("3")) {
    loadWeapon(shotgun);
    activeWeaponType = Constants.Shotgun;
}
}
```

每个if语句分别检查按下的键是否为1、2或3。在每一帧中检查输入的方法，被称为轮询。如果其中一个数字键被按下，对应程序块将调用loadWeapon()方法，并将对应的武器作为参数传递给loadWeapon()方法并激活。然后将activeWeaponType设置为静态。这使得其他脚本可以很容易地查询玩家装备了哪些枪。

最后，添加以下方法：

```
public GameObject GetActiveWeapon() {
return activeGun;
}
```

这个函数只是简单地返回 activeGun引用的对象，以便其他脚本可以读取这个变量。

步骤2： 添加脚本。

保存脚本，回到Unity，并将GunEquipper 脚本添加到Player游戏物体上，如图3-2-23所示。

选择Player游戏对象，并将1Pistol 游戏对象从层级视图拖动到 GunEquipper 脚本组件中的相应字段。以同样的方法操作2AssaultRifle 和3Shotgun，如图3-2-24所示。

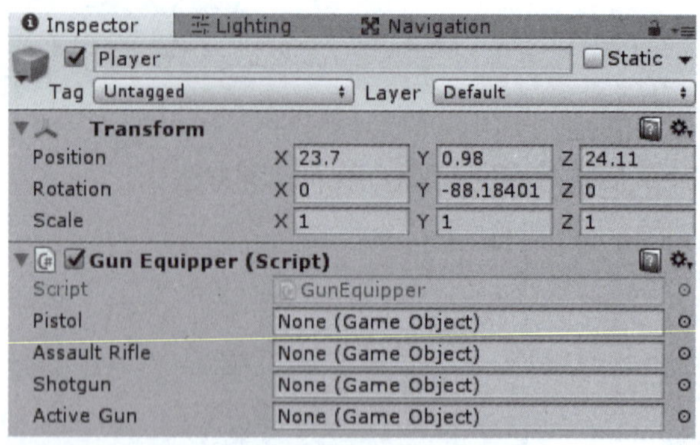

图 3-2-23　GunEquipper 脚本

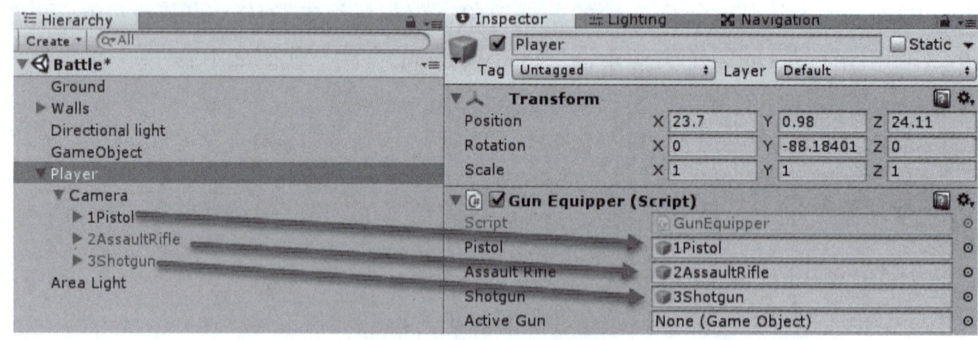

图 3-2-24　引用对象

运行游戏，然后按1、2或3键更改武器，运行效果如图3-2-25所示。

图 3-2-25　运行效果

知识链接

Unity提供的Input可以负责获取用户大部分的输入，如键盘，鼠标，加速计，陀螺仪，按钮等，Input在外部输入系统和Unity内部之间架起了一座桥梁，常见的函数：Fire1获取鼠标单击，其中Fire1表示左键，Fire2表示右键，Fire3表示鼠标滚轮。

在代码中使用public修饰变量会在Unity的Inspector中的脚本组件上显示出来可以进行拖拽赋值，并且方便查看。

任务考评

姓名		完成日期	
序号	考核内容	标准分	评分
01	GunEquipper脚本创建	10	
02	修改start方法	10	
03	修改默认武器为手枪	20	
04	添加加载对应武器的方法	20	
05	Update()方法中调用loadWeapon()方法	10	
06	添加脚本	30	
总评分		100	

任务总结：

任务实训

实训名称	武器逻辑
实训目标	深刻理解代码书写内容和逻辑
实训要求	实现武器的逻辑脚本
实训总结	

模块三 弹 药

此部分将介绍射击游戏的另一重要部分：弹药的设计。从版本控制拉取代码做起，通过设计脚本为三种武器增加了弹药的逻辑设计；增加三种枪械的开枪动画来贴合实际效果；接下来介绍了一种简单的方式来增添武器的准心；最后通过创建 Ammo 类增加弹药空缺的声音。以下是详细的任务介绍。

任务一 弹药的逻辑

任务描述

<table>
<tr><td>情境描述</td><td>程序员C在之前工作的基础上，发现并没有对于弹药的逻辑进行设计，每把武器都应该有自己的弹药逻辑，所以就由他来设计该功能模块。</td></tr>
<tr><td>任务分解</td><td>分析上面的工作情境，将任务分解如下：
（1）从码云上拉取代码；
（2）在TAPD上查看任务；
（3）创建GUN基类；
（4）创建手枪脚本；
（5）创建猎枪脚本；
（6）创建突击步枪脚本。</td></tr>
<tr><td>任务准备</td><td>（1）熟悉码云和TAPD的基本操作；
（2）脚本语言的添加方式：
启动Unity，单击菜单栏中的“Assets、Create”来添加脚本，如图3-3-1所示。
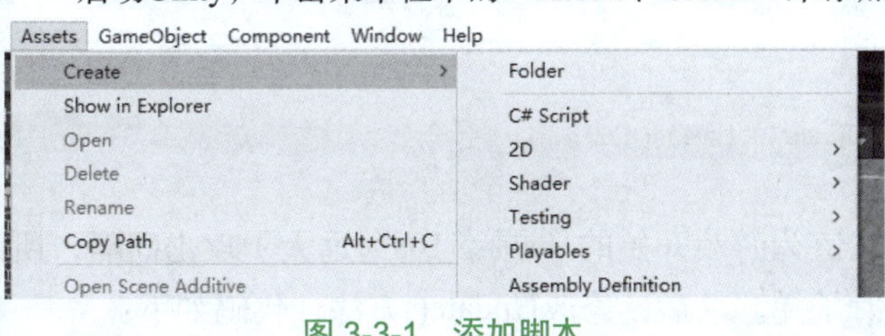

图 3-3-1 添加脚本
启动Unity后，单击Project视图中的Create按钮创建脚本，如图3-3-2所示。
在Project视图中的Assets文件夹内通过右击弹出的列表框创建脚本。
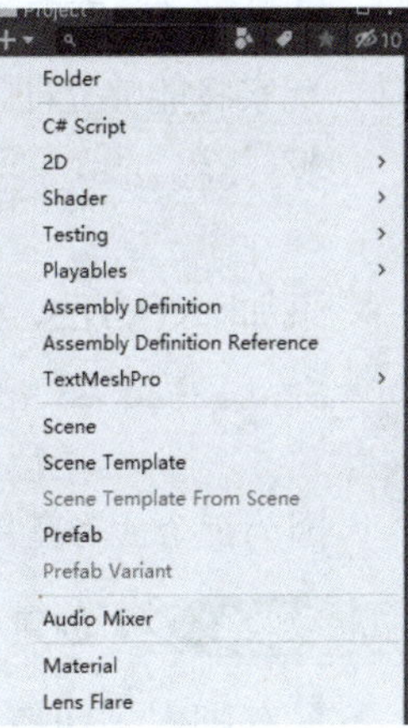

图 3-3-2 创建脚本</td></tr>
</table>

任务目标

知识目标	掌握弹药的设计流程。
技能目标	学会为每个武器添加脚本，从而实现弹药的逻辑。
职素目标	耐心和细心：在武器的弹药逻辑设计过程中，对软件使用出现的各个问题能耐心地解决，对于脚本代码的细节部分也能细心地完成。

任务实现

视频

弹药逻辑

以下步骤实现了弹药的逻辑设计，首先创建了Gun基类，然后对三种枪的脚本进行添加，这里面需要考虑枪的设计是否有开枪间隔。

步骤1: 从码云上拉取代码。

操作步骤见本单元模块一。

步骤2: 在TAPD查看任务。

操作步骤见本单元模块一。

步骤3: 创建Gun基类。

首先，需要确定了一个攻击频率。当玩家持续开枪时，每颗子弹射出之间有一个停顿。这意味着必须跟踪最后一颗子弹发射的时间，以便于判断何时可以发射下一颗子弹。

创建一个C#脚本，命名为“Gun”，并添加下面的变量：

```
public float fireRate;
protected float lastFireTime;
```

fireRate表示攻击的频率，而lastFireTime表示最后一次攻击的时刻。在Gun脚本中修改Start()方法：

```
void Start() {
  lastFireTime = Time.time - 10;
}
```

设置lastFireTime默认值为游戏开始的10s前。10s远远大于攻击间隔，所以当游戏开始时，玩家将能够立即发射子弹。最后，修改Update()方法，代码如下：

```
protected virtual void Update() {
}
```

添加Fire()方法，代码如下：

```
protected void Fire() {
}
```

因为每个武器在具体实现上都有细微差异，所以稍后将在子类中对这些方法进行重载。

步骤4: 创建手枪脚本。

保存脚本，切换回Unity。创建一个C#脚本，将其命名为“Pistol”，并将其内容替换为：

```
using UnityEngine;
public class Pistol : Gun {
override protected void Update() {
base.Update();
// Shotgun & Pistol have semi-auto fire rate
if (Input.GetMouseButtonDown(0) && (Time.time - lastFireTime)> fireRate) {
lastFireTime = Time.time;
Fire();
}
}
}
```

这将检查下一次射击是否达到攻击间隔。如果达到，将触发下一次射击动作。

保存脚本，回到Unity，并将Pistol脚本添加到1Pistol游戏物体。

选中1Pistol游戏物体，将fireRate设置为0.6。

步骤5： 创建猎枪脚本。

选择Pistol脚本，然后按下【Ctrl+D】键，复制脚本。把名字改成Shotgun，在代码编辑器中打开该脚本。

```
public class Pistol : Gun {
```

替换为：

```
public class Shotgun : Gun {
```

与手枪一样，这也是一个半自动武器，但因为它是一把猎枪，所以它需要更长的发射间隔。保存脚本，回到Unity，将Shotgun脚本附加到3Shotgun 游戏物体上，并将fireRate 设置为1。

步骤6： 创建突击步枪脚本。

最后，需要对突击步枪做同样的操作。创建一个名为“AssaultRifle”的脚本，将其附加到2AssaultRifle 游戏对象上，并将其内容替换为：

```
using UnityEngine;
public class AssaultRifle : Gun {
override protected void Update() {
base.Update();
// Automatic Fire
if(Input.GetMouseButton(0) && Time.time - lastFireTime > fireRate) {
lastFireTime = Time.time;
Fire();
}
}
}
```

看上去这个脚本与Pistol脚本几乎相同，但有一个关键区别：该脚本使用 GetMouseButton 来监听玩家是否按住鼠标左键，而不是用GetMouseButtonDown监听单次按下鼠标左键。

保存脚本，回到Unity。在检视面板中将AssaultRifle脚本的fireRate设置为0.1。

任务考评

姓名		完成日期	
序号	考核内容	标准分	评分
01	在git上拉去代码	10	
02	使用TAPD管理项目	10	
03	创建Gun基类	20	
04	创建手枪脚本	20	
05	创建猎枪脚本	20	
06	创建突击步枪脚本	20	
总评分		100	

任务总结：

任务实训

实训名称	为上个任务创建的第四把武器添加脚本
实训目标	熟悉武器的弹药逻辑设计
实训要求	（1）完成场景的创建； （2）完成Gun基类的创建； （3）完成手枪、猎枪、突击枪的脚本
实训总结	

任务二 创建开枪动画

任务描述

情境描述	客户经理提出了新的需求，因为目前开枪没有任何的动画，没有给人很强的开枪的射击感，所以把这个创建开枪动画的任务作为接下来需要解决的问题。
任务分解	分析上面的工作情境，将任务分解如下： （1）创建动画控制器； （2）用代码控制动画播放； （3）设置Animator组件。
任务准备	（1）创建动画控制器：在工程视图里选择Create/Aniamtor Contorller命令，并进行命令，然后双击组件，这时会在Animator视图中显示默认有三种状态，Entry：进入状态，Any State：任意状态，Exit：退出状态。 （2）设置Animator组件。 在Unity的Hierarchy层级窗口下选择需要做动画的对象，如图3-3-3所示。 按【Ctrl+6】组合键，弹出Animation动画制作窗口，如图3-3-4所示。 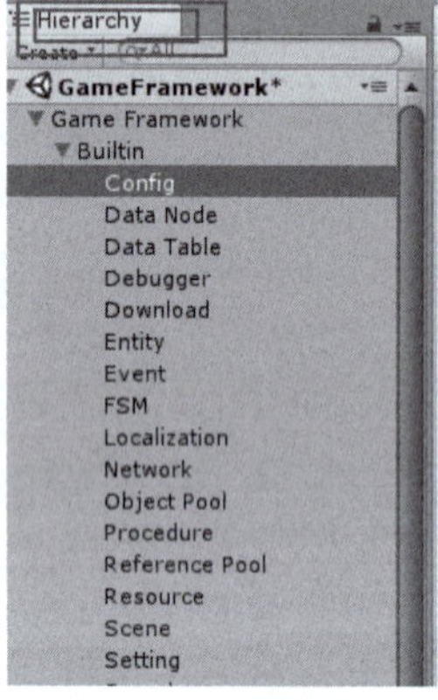 图 3-3-3　选择对象 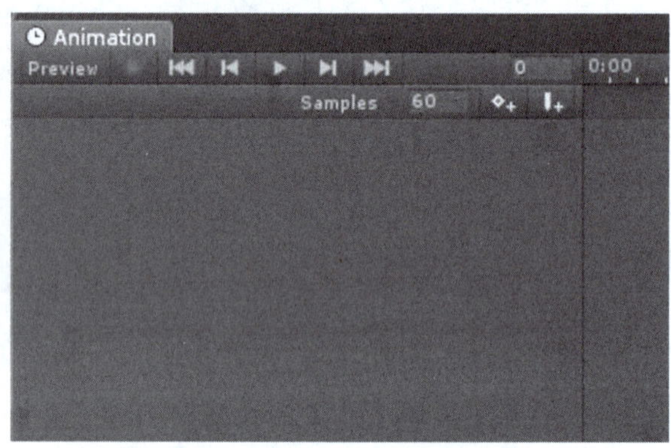 图 3-3-4　动画制作窗口 单击“Creat”按钮创建动画并保存在合适的位置，关闭如上窗口，重新按【Ctrl+6】组合键打开，单击AddProperty后面出现可以操作的选项。

任务目标

知识目标	掌握开枪动画的设计流程。
技能目标	学会创建动画控制器和用代码控制动画的播放。
职素目标	耐心和细心：在武器的开枪动画设计过程中，对软件使用出现的各个问题能耐心地解决，对于脚本代码的细节部分也能细心地完成。

任务实现

以下步骤丰富了开枪动画界面，首先创建动画控制器，这里面主要使用了Animator组件，关于这部分内容可以查看任务准备部分。

视频

创建开枪动画

步骤1: 创建动画控制器。

右击“Animations”文件夹，选择“Create\Animator Controller”命令，并将其命名为“Pistol”。右击Pistol.AnimatorController，在弹出的菜单中单击“Open”按钮，打开Animator窗口。

在Animator窗口的网格区域中右击，在弹出的菜单中选择“Create State\Empty”命令，创建一个新的状态。单击新状态，并在检视视图中，将其重命名为“Fire”。

单击Motion框右侧的控件，然后在搜索框中查找“Fire”。在结果列表中找到Assets/Models/RobotRampage_Pistol.fbx，然后双击，如图3-3-5所示。

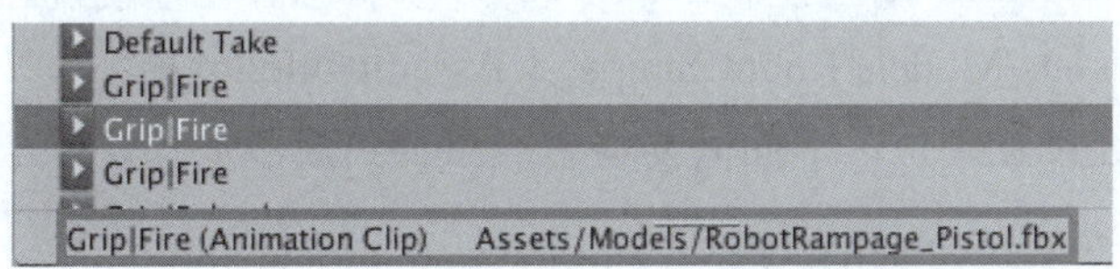

图 3-3-5 选择动画剪辑

需要为动画创建默认状态。和之前一样，在动画窗口中创建另一个空状态，命名为“Base”。

右击“Fire”，在弹出的菜单中选择“Make Transition”命令。从Fire拖到Base，如图3-3-6所示。

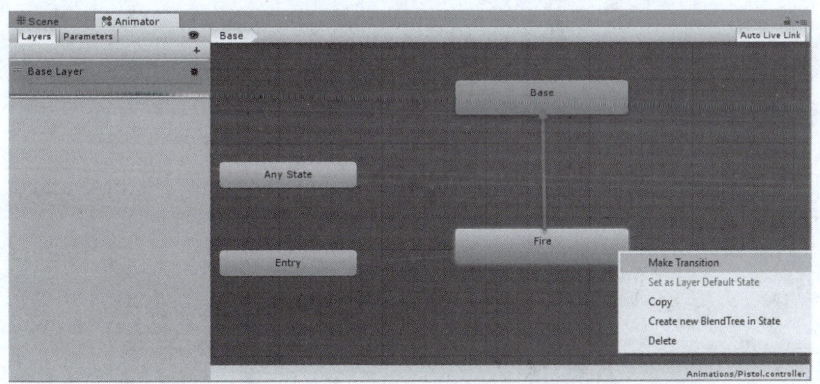

图 3-3-6 创建过渡

Fire动画播放后，动画应该回到Base状态。右击Base状态，在弹出的快捷菜单中选择“Set as Layer Default State”命令，使其成为基本动画，如图3-3-7所示。

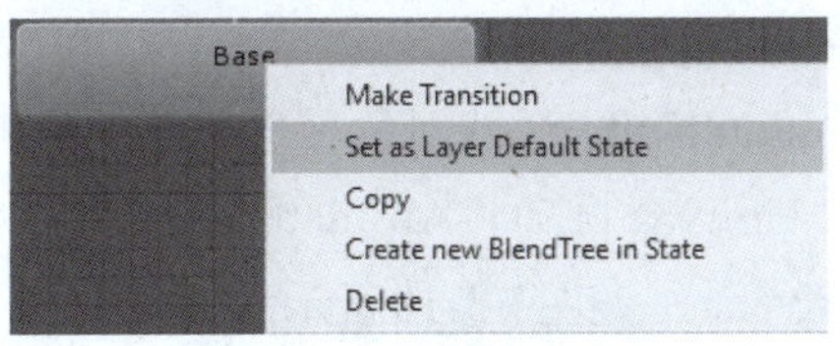

图 3-3-7 设置默认状态

步骤2： 用代码控制动画播放。

打开Gun脚本，并将以下代码添加到Fire ()方法：

```
GetComponentInChildren<Animator>().Play("Fire");
```

这需要在代码中获取Animator，并告诉它何时播放Fire动画。在这之前，需要先在游戏对象上添加Animator组件。

当然，目前只创建一个手枪动画控制器，还需要创建猎枪和突击步枪的动画控制器。

在项目视图中，选择Animations文件夹下的Pistol动画控制器。按下【Ctrl+D】组合键两次，复制出两个动画控制器。其中一个命名为“Shotgun”，另一个命名为“AssaultRifle”。

打开Shotgun动画控制器，并选择Fire状态。在检视视图中，设置Motion为Grip|Fire，来源于Assets/Models/ RobotRampage_Shotgun.fbx 模型。

最后，打开 AssaultRifle 动画控制器，并选择Fire状态。在检视视图中，设置Motion为Grip|Fire，来源于Assets/Models/RobotRampage_AssaultRifle.fbx模型。

所有的动画已经设置到位，下面需要将它们添加到武器上。

步骤3： 设置Animator组件。

回到Unity，选择1Pistol 游戏对象，单击Add Component按钮，输入Animator，在搜索结果中选择Animator。单击刚才添加的动Animator的Controller栏，然后从弹出窗口中选择Pistol动画控制器，如图3-3-8所示。

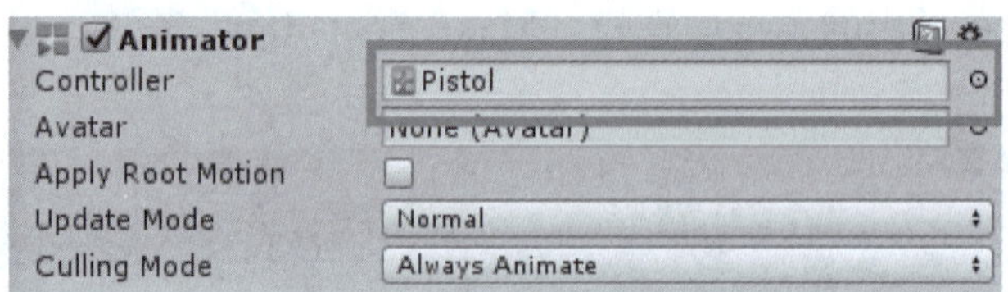

图 3-3-8 设置 Controller

接下来单击Animator的Avatar框，并设置为RobotRampage_PistolAvatar，如图3-3-9所示。

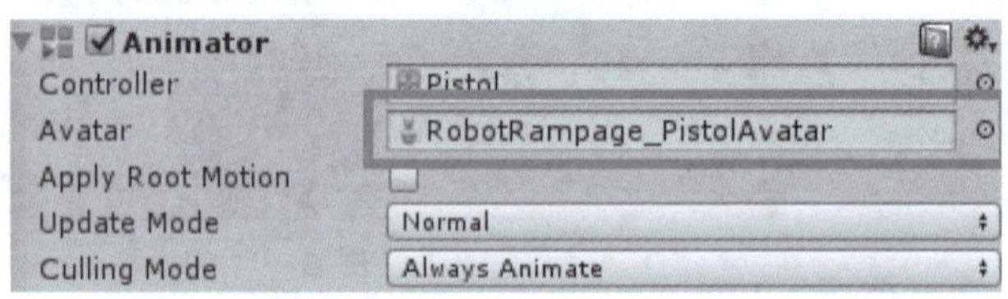

图 3-3-9 设置 Avatar

Avatar告诉动画系统如何在动画过程中变换模型。导入模型时，需要配置Avatar。为了简单起见，Avatar已经被提前配置好。

对于突击步枪，选择2AssaultRifle 游戏对象，并将AssaultRifle动画控制器拖到检视视图，在所有现有组件之下。Unity会自动将Animator添加到游戏对象上。把Avatar设置为RobotRampage_AssaultRifleAvatar，如图3-3-10所示。

对3Shotgun做同样的操作，拖动它的Shotgun动画控制器，并设置Avatar为RobotRampage_ShotgunAvatar，如图3-3-11所示。

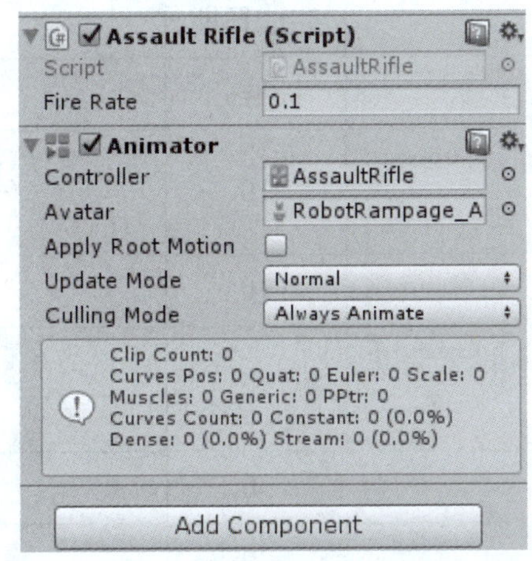

图 3-3-10 设置 AssaultRifle

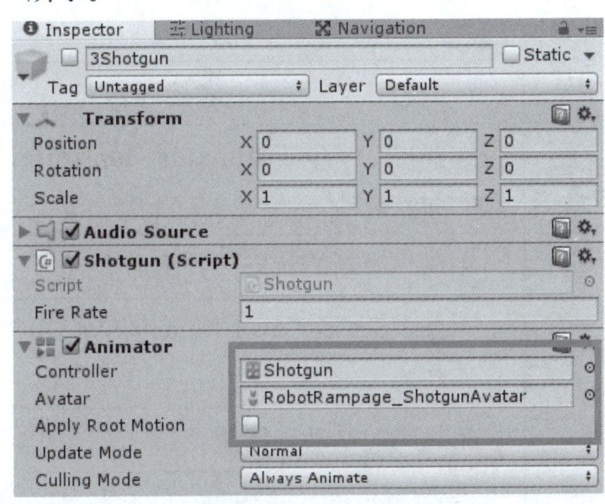

图 3-3-11 设置 Shotgun

测试武器，通过键盘上的1键、2键或3键在它们之间切换，运行效果如图3-3-12所示。

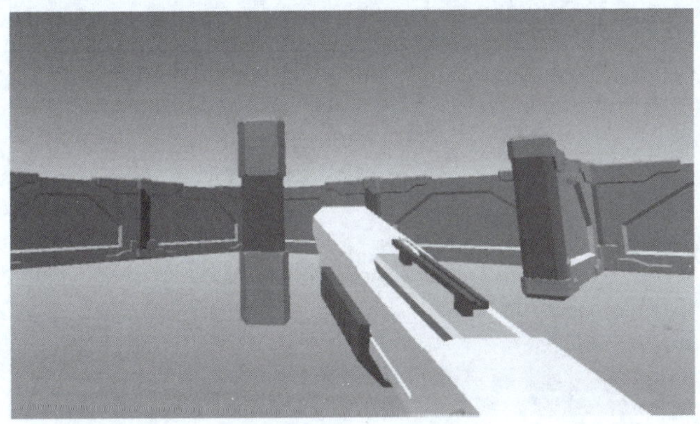
图 3-3-12 运行效果

学习笔记

任务考评

姓名		完成日期	
序号	考核内容	标准分	评分
01	选择“Create\Animator Controller”命令并打开Animator窗口	10	
02	创建一个新的状态，并重命名	10	
03	选择“Set as Layer Default State”命令，设置为基本动画	10	
04	用代码控制动画播放	30	
05	设置Controller与Avatar	20	
06	设置AssaultRifle与Shotgun	20	
总评分		100	

任务总结：

任务实训

实训名称	创建猎枪和突击步枪的动画控制器
实训目标	掌握猎枪和突击步枪的动画设计
实训要求	完成手枪、猎枪、突击步枪的切换动画
实训总结	

任务三 添加准心

任务描述

情境描述	作为一款打枪的游戏，必然要设计武器的准心，来帮助玩家更好地进行设计，程序员A决定开发这个功能。
任务分解	分析上面的工作情境，将任务分解如下： （1）绘制手枪准心； （2）创建GameUI脚本； （3）修改GunEquipper脚本。
任务准备	（1）了解画布的添加：Canvas是所有UI元素的父物体。当添加一个Button类型的GameObject后，在“Hierarch”窗口中自动添加了一个Canvas，以及EventSystem。在Canvas的Render Mode中有三个选择：Screen Space -Overlay 屏幕最上层，主要是2D效果。Screen Space-Camera绑定摄像机，可以实现3D效果。World Space 世界空间，让UI变成场景中的一个物体； （2）2D层级渲染； （3）图片处理。

任务目标

知识目标	学习添加准星的原理。
技能目标	学会通过画布，并添加2D图像来设计准心。
职素目标	耐心和细心：在武器的准星设计过程中，对软件使用出现的各个问题能耐心地解决，对于脚本代码的细节部分也能细心地完成。

视频

添加准心

任务实现

以下步骤添加了武器的准心，通过放置在摄像机前一个2D图像来实现。

步骤1： 绘制手枪准心。

在开始放置UI元素前，首先需要一个画布。Unity提供了几种类型的画布。本游戏将使用叠加画布，即overlay canvas。

在层级视图中的空白处，右击选择“UI\Canvas”命令创建一个画布，重命名为“GameUI”。右击Canvas游戏对象，选择“UI\Image”命令创建一个图片，并重命名为“Reticle”。

在检视视图中，单击Source Image右侧的控件，然后选择reticleRed，如图3-3-13所示。可以看到屏幕中央的红色准心，如图3-3-14所示。

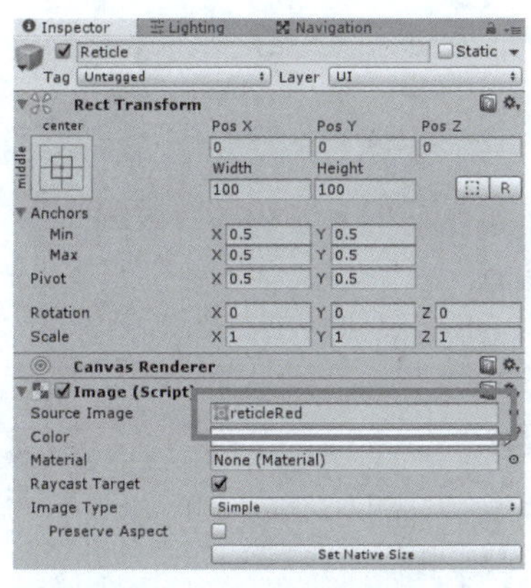

图 3-3-13 选择 reticleRed

图 3-3-14 准心效果

步骤2: 创建GameUI脚本。

当切换成猎枪和突击步枪时，应该更新颜色。

创建一个新脚本，命名为“GameUI”。将GameUI脚本附加到GameUI游戏对象上。

在代码编辑器中打开GameUI，并将以下内容添加到脚本的顶部。

```
using UnityEngine.UI;
```

这使脚本可以访问Unity基本的UI 类。接下来，在类中添加以下变量：

```
[SerializeField] Sprite redReticle;
[SerializeField] Sprite yellowReticle;
[SerializeField] Sprite blueReticle;
[SerializeField] Image reticle;
```

SerializeField 属性允许开发者向 C# 运行时传递有关特定类的信息。Sprite（精灵）代表了一个导入的纹理，可以被使用在2D游戏或用户界面。通过将纹理类型设置为Sprite，可以将其添加到用户界面中，如图3-3-15所示。

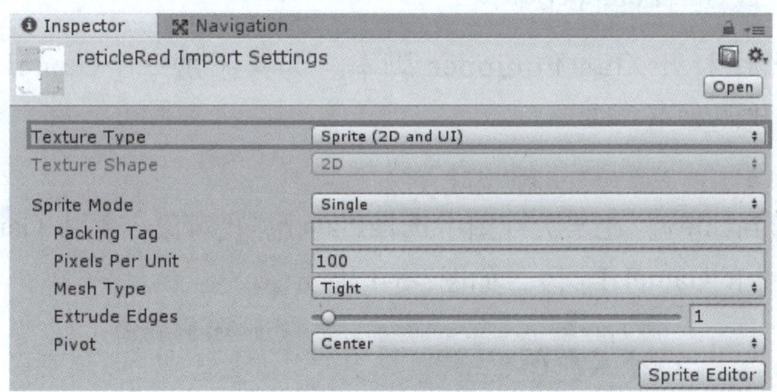

图 3-3-15 设置图片格式

Image用来将精灵显示在屏幕上。比方说：精灵是胶片卷轴，而图像是胶片放映机。

现在有三个精灵作为图像的源数据。但是只有一个会被显示，所以只需要一个Image。

在最后一个变量下面添加以下方法：

```
public void UpdateReticle() {
```

```
    switch (GunEquipper.activeWeaponType) {
        case Constants.Pistol:
            reticle.sprite = redReticle;
            break;
        case Constants.Shotgun:
            reticle.sprite = yellowReticle;
            break;
        case Constants.AssaultRifle:
            reticle.sprite = blueReticle;
            break;
        default:
            return;
    }
}
```

保存脚本，回到Unity。

选中GameUI游戏物体，添加适当的精灵。拖动Reticle游戏对象到Reticle栏，如图3-3-16所示。

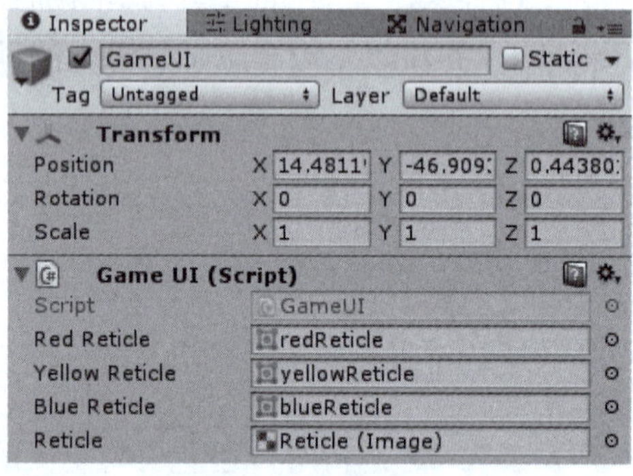

图 3-3-16 引用准心

步骤3: 修改Gun Equipper脚本。

在代码编辑器中打开 Gun Equipper 脚本。为其添加一个GameUI 变量，创建对GameUI 的引用，代码如下：

```
[SerializeField] GameUI gameUI;
```

保存脚本，回到Unity。在层级视图中选择Player游戏对象，并将 GameUI 对象拖动到Gun Equipper组件中的GameUI字段，如图3-3-17所示。

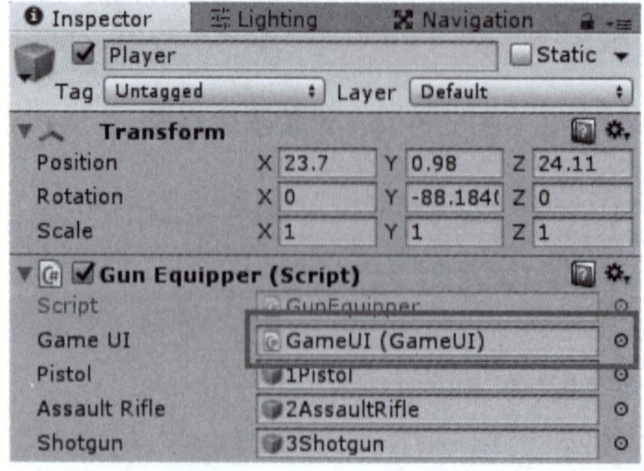

图 3-3-17 设置参数

在代码编辑器中打开Gun Equipper 脚本，并在 Update()方法中的每个 if 语句的末尾添加以下代码：

```
gameUI.UpdateReticle();
```

Update()方法现在如下所示：

```
void Update() {
if(Input.GetKeyDown("1")) {
loadWeapon(pistol);
activeWeaponType = Constants.Pistol;
gameUI.UpdateReticle();
}
else if(Input.GetKeyDown("2")) {
loadWeapon(assaultRifle);
activeWeaponType = Constants.AssaultRifle;
gameUI.UpdateReticle();
}
else if(Input.GetKeyDown("3")) {
loadWeapon(shotgun);
activeWeaponType = Constants.Shotgun;
gameUI.UpdateReticle();
}
}
```

每次玩家改变武器将更新准心。

运行游戏，切换武器看到准心改变，运行效果如图3-3-18所示。

图 3-3-18　运行效果

现在，玩家可以看到他们的子弹会射向哪里。

任务考评

姓名		完成日期	
序号	考核内容	标准分	评分
01	使用叠加画布overlay canvas	10	
02	绘制手枪准心	20	
03	创建GameUI脚本并进行附加	10	
04	添加适当的精灵，拖动Reticle游戏对象到Reticle栏	20	
05	创建对 GameUI 的引用	20	
06	修改GunEquipper 脚本	20	
总评分		100	

任务总结：

任务实训

实训名称	为第四把武器添加准星，并调整准星颜色
实训目标	学会准星的设计过程
实训要求	(1) 完成UI的创建； (2) 添加准心并调整位置； (3) 完成GameUI脚本
实训总结	

任务四 管理弹药

任务描述

情境描述	程序员B认为为了更好地提升用户的游戏体验感，应该在弹药方面再次进行设计，比如没有弹药了，就不能开枪射击但是会给出提示音，他决定着手进行开发设计。
任务分解	分析上面的工作情境，将任务分解如下： （1）创建Ammo类； （2）添加声音。
任务准备	（1）学会添加类的方法； （2）声音添加步骤： ①添加背景音乐，创建一个Empty脚本，添加Audio Source组件，拖入音频源。Play on Awake（启动就开始播放），Loop（循环播放）。 ②某个事件、物体添加音效，添加Audio Source组件，拖入音频源。

任务目标

知识目标	学会设计弹药的管理。
技能目标	通过创建类和声音的管理来对游戏进行优化。
职素目标	耐心和细心：在弹药的设计过程中，对软件使用出现的各个问题能耐心地解决，对于脚本代码的细节部分也能细心地完成。

视频

管理弹药

任务实现

以下步骤实现了弹药的管理，主要是实现了当没有弹药的时候会发出对应的提示音，这里为每只枪设置的音效也各不相同。

步骤1： 创建Ammo类。

游戏中应该提供一些声音的反馈，使玩家知道什么时候快没子弹了。如果玩家有足够的弹药，在开火时播放开火的声音。如果没有足够弹药，播放空弹夹的声音，并且不播放开火动画。

创建一个C#脚本，命名为“Ammo”。在代码编辑器中打开它，在顶部添加如下代码：

```
using System.Collections.Generic;
```

这里可以使用字典类型，添加以下变量：

```
[SerializeField] GameUI gameUI;
[SerializeField]
private int pistolAmmo = 20;
[SerializeField]
private int shotgunAmmo = 10;
[SerializeField]
```

```
private int assaultRifleAmmo = 50;
public Dictionary<string, int> tagToAmmo;
```

变量 pistolAmmo、shotgunAmmo、assaultRifleAmmo表示三种枪各自的弹药数。

tagToAmmo是一个由字符串映射int类型的字典，可以通过枪的类型找到其对应弹药计数。

在游戏开始时初始化Dictionary，添加如下代码：

```
void Awake() {
tagToAmmo = new Dictionary<string, int> {
{ Constants.Pistol , pistolAmmo},
{ Constants.Shotgun , shotgunAmmo},
{ Constants.AssaultRifle , assaultRifleAmmo},
};
}
```

Awake()方法是在Start()方法之前调用的一种特殊方法。在本例中，为了防止null 访问错误，需要在所有Start方法执行之前对字典进行初始化。

该方法只是简单地让每支枪在字典中键入一个键，并将值设置为适当的弹药类型。如果希望添加另一个弹药类型，可以简单地扩展字典。

添加如下方法：

```
public void AddAmmo(string tag, int ammo) {
if (!tagToAmmo.ContainsKey(tag)) {
Debug.LogError("Unrecognized gun type passed: "+ tag);
}
tagToAmmo[tag] += ammo;
}
```

这个方法将增加特定类型的弹药。如果字典中不存在tag传入的类型，则会报错。

接下来添加以下方法：

```
// Returns true if gun has ammo
public bool HasAmmo(string tag) {
if (!tagToAmmo.ContainsKey(tag)) {
Debug.LogError("Unrecognized gun type passed: "+ tag);
}
return tagToAmmo[tag] > 0;
}
```

这个方法将会判断是否还存在某类型的子弹，如果有，返回true。

同时添加以下方法：

```
public int GetAmmo(string tag) {
if (!tagToAmmo.ContainsKey(tag)) {
Debug.LogError("Unrecognized gun type passed: "+ tag);
}
return tagToAmmo[tag];
}
```

这个方法只是简单地返回某种类型的枪的弹药数量。

最后，需要一个方法来实现弹药的消耗，添加如下代码：

```
public void ConsumeAmmo(string tag) {
if(!tagToAmmo.ContainsKey(tag)) {
Debug.LogError("Unrecognized gun type passed: "+ tag);
}
tagToAmmo[tag]--;
}
```

与所有其他方法一样，首先会检查弹药名是否正确。如果正确，它将会找到对应的弹药，并减去一颗子弹。

保存脚本，回到Unity，并将Ammo脚本添加到Player游戏对象上。单击Player游戏物体，将 GameUI 游戏物体拖动到Ammo组件中的 GameUI 字段上，如图3-3-19所示。

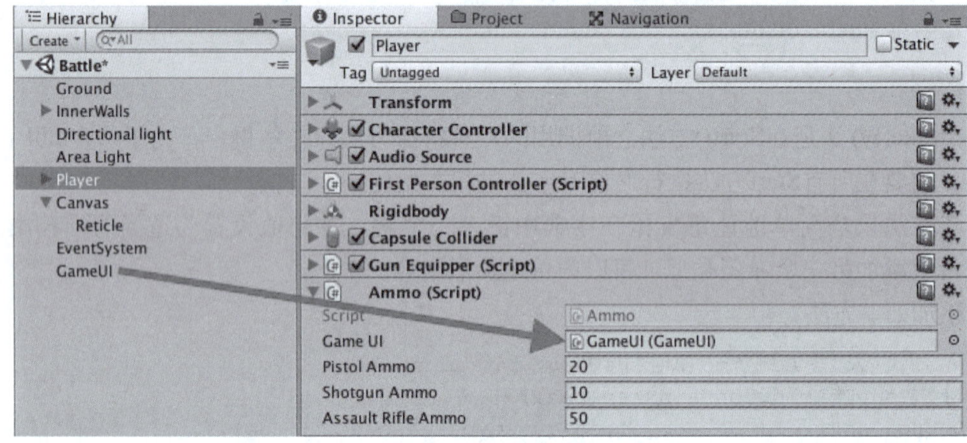

图 3-3-19　设置参数

步骤2: 添加声音。

在代码编辑器中打开Gun脚本，并添加如下变量：

```
public Ammo ammo;
public AudioClip liveFire;
public AudioClip dryFire;
```

这将跟踪枪的弹药数量和保存开火和空弹的音效。修改Fire()方法，代码如下：

```
protected void Fire() {
if(ammo.HasAmmo(tag)) {
GetComponent<AudioSource>().PlayOneShot(liveFire);
ammo.ConsumeAmmo(tag);
}
else {
GetComponent<AudioSource>().PlayOneShot(dryFire);
}
GetComponentInChildren<Animator>().Play("Fire");
}
```

这将检查玩家是否有剩余的弹药。如果有，播放liveFire的声音；否则，播放dryFire的声音。如果开枪成功，花费一颗子弹。

接下来需要为每支枪单独设置弹药和音效。

单击1Pistol游戏物体，并拖动Player游戏物体到Ammo属性栏，表示对玩家Ammo脚本的引用。单击LiveFire字段右侧的控件，然后选择pistolShot音频文件。单击dryFire字段右侧的控件并旋转dryFire音频，如图3-3-20所示。

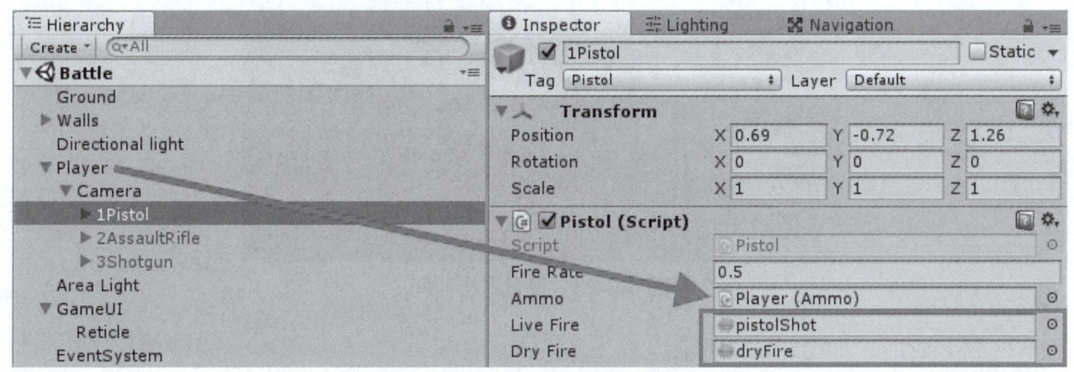

图 3-3-20　设置音频

对3Shotgun和2Assaultrifle做同样的操作。

剩下的就是添加AudioSource组件。选中1Pistol、2AssaultRifle和3Shotgun游戏对象。在检视视图中单击AddComponent，键入AudioSource并选择AudioSource组件，如图3-3-21所示。

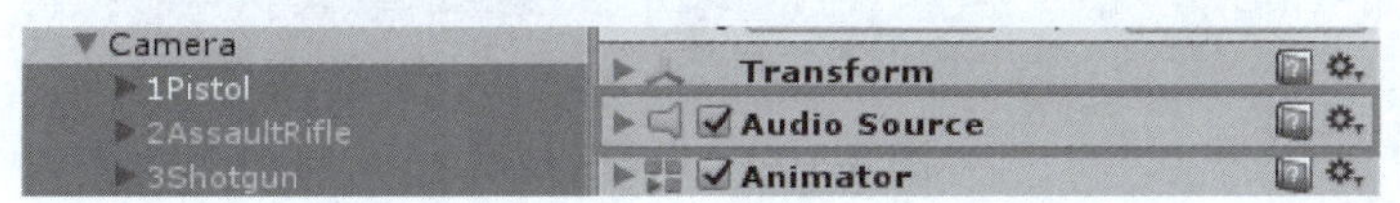

图 3-3-21　添加组件

运行游戏，检查每只枪的射击音效。

突击步枪有一个问题，枪的射击速度比动画播放速度快，这使运动与动作不同步。为了解决这个问题，需要回到Animator那里。

如果动画窗口已关闭，可以通过单击“Window\Animator”重新打开它。在层级视图中，选择2AssaultRifle 游戏物体，将会在Animator视图中看到它的动画状态。

默认情况下，动画在过渡过程中会有一段混合过程。这种混合过程被称为退出时间。选择从Fire到Base的转换。在检视视图中，可以看到退出时间的可视化效果，如图3-3-22所示。

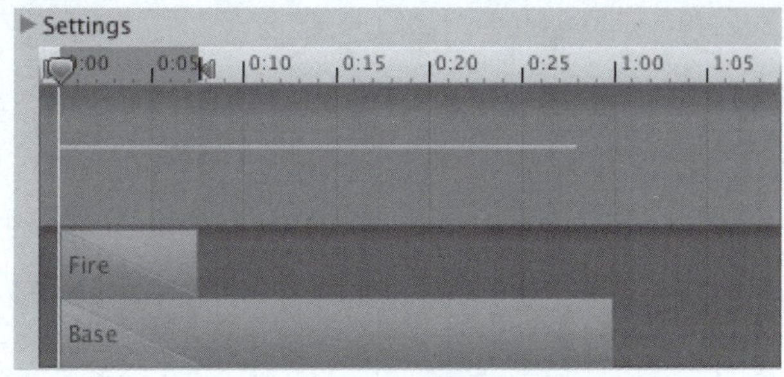

图 3-3-22　可视化效果

有两种方法可以取消退出时间。第一种方法是取消选中“Has Exit Time”属性，但是只有在有过渡条件时才能这样做。第二种方法是将时间轴中的右边的蓝色箭头拖到左侧，然后按【Enter】键将其保存。如图3-3-23所示。

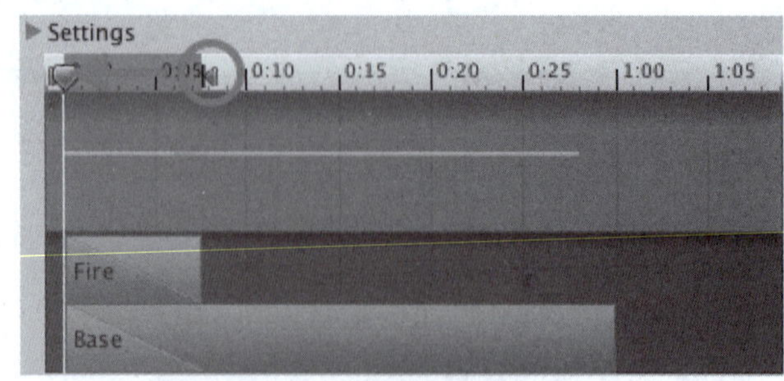

图 3-3-23　设置退出时间

设置完成后，如图3-3-24所示。

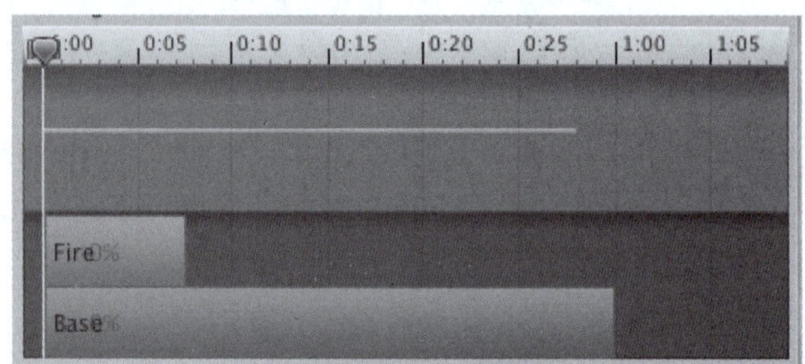

图 3-3-24　设置完成后

这将导致新的动画会中断任何正在播放的动画。运行游戏，切换到突击步枪。测试修改过的内容。

学习笔记

任务考评

姓名		完成日期	
序号	考核内容	标准分	评分
01	创建一个名为“Ammo”的C#脚本	10	
02	添加Awake代码	10	
03	添加弹药的各种逻辑	10	
04	添加实现弹药消耗的方法	20	
05	在Gun脚本中添加变量	15	
06	添加射击音效	35	
总评分		100	

任务总结：

任务实训

实训名称	更换声音
实训目标	学会更换声音的方法
实训要求	（1）完成弹药的消耗； （2）完成射击音效
实训总结	

模块四 敌 人

做完上述工作之后，我们就可以开始对敌人部分进行设计。创建机器人来充当游戏中的敌人。并且在接下来的任务来对机器人进行优化，使机器人脚下的轮子滚动起来，增加机器人发射导弹使所造成的伤害，增加机器人刷新的地点。同时还特殊地增加了补给品的设计，补给品的刷新点也是可以进行定义的。具体任务如下：

任务一 创建机器人

任务描述

情境描述	产品经理A任务上已经完成了武器的相关设计，可以进入到对于机器人敌人的设计了，所以开始了第一阶段开发，创建机器人。
任务分解	分析上面的工作情境，将任务分解如下： （1）Git拉取代码； （2）TAPD项目管理； （3）创建脚本； （4）定义生命周期。
任务准备	（1）熟悉git和TAPD的基本操作，以及脚本语法的掌握； （2）代码的完整的生命周期：程序的生命周期主要包括5个部分，依次为编写源代码、编译、链接、转载、执行。

任务目标

知识目标	学会创建机器人。
技能目标	使用脚本进行创建。
职素目标	耐心和细心：在机器人的创建过程中，对软件使用出现的各个问题能耐心地解决，对于脚本代码的细节部分也能细心地完成。

任务实现

以下步骤实现了敌方机器人的创建，并配置了机器人的基本属性，同时还需要定义机器人的生命周期。

视频

创建机器人

步骤1： 从码云上拉取代码。

操作步骤见本单元模块一。

步骤2: 在TAPD查看任务。

操作步骤见本单元模块一。

步骤3: 创建脚本。

单击“Resources”文件夹，然后将RedRobot、YellowRobot和BlueRobot拖到玩家面前的某个位置（位于地面之上），如图3-4-1所示。

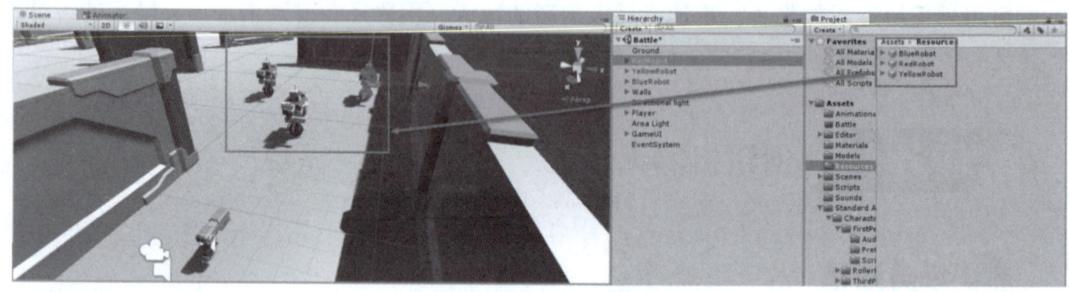

图 3-4-1　创建机器人

同时选中RedRobot、YellowRobot和BlueRobot游戏对象，在检视视图中单击Add Component按钮，然后选择New Script命令。命名脚本为Robot。这将在Assets文件夹中创建一个新脚本。将Robot脚本从Assets文件夹移动到Scripts文件夹。在代码编辑器中打开Robot脚本。添加以下变量：

```
[SerializeField]
private string robotType;
public int health;
public int range;
public float fireRate;
public Transform missileFireSpot;
UnityEngine.AI.NavMeshAgent agent;
private Transform player;
private float timeLastFired;
private bool isDead;
```

robotType表示机器人的类型：RedRobot、BlueRobot或YellowRobot。

health是机器人生命值，range是它能射击的距离，fireRate 是它能射击的速度。

agent是对NavMeshAgent组件的引用，player是机器人跟踪的对象，isDead表示机器人是否死亡。

保存脚本并切换回Unity。单击RedRobot游戏对象，然后在Robot Type字段中输入RedRobot。将Health设置为14，Range值为150，Fire Rate为2。单击Apply按钮，将这些更改应用到预置，如图3-4-2所示。

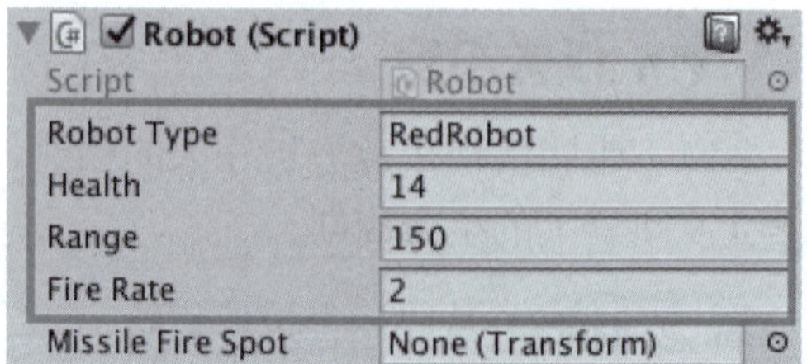

图 3-4-2　设置参数

对YellowBot执行相同的操作：Robot Type设为YellowRobot，Health设为20，Range设为300，Fire Rate设为3。单击Apply按钮。

对BlueRobot执行相同的操作：Robot Type设为BlueRobot，Health设为10，Range设为

200，Fire Rate设为1。单击Apply按钮。

Missile Fire Spot参数是机器人发射导弹的位置。

单击RedRobot游戏对象旁边的箭头以显示其子对象。拖动其子游戏对象 MissileFireSpot到Missile Fire Spot属性栏。

对YellowRoBot和BlueRobot执行同样的操作，如图3-4-3所示。

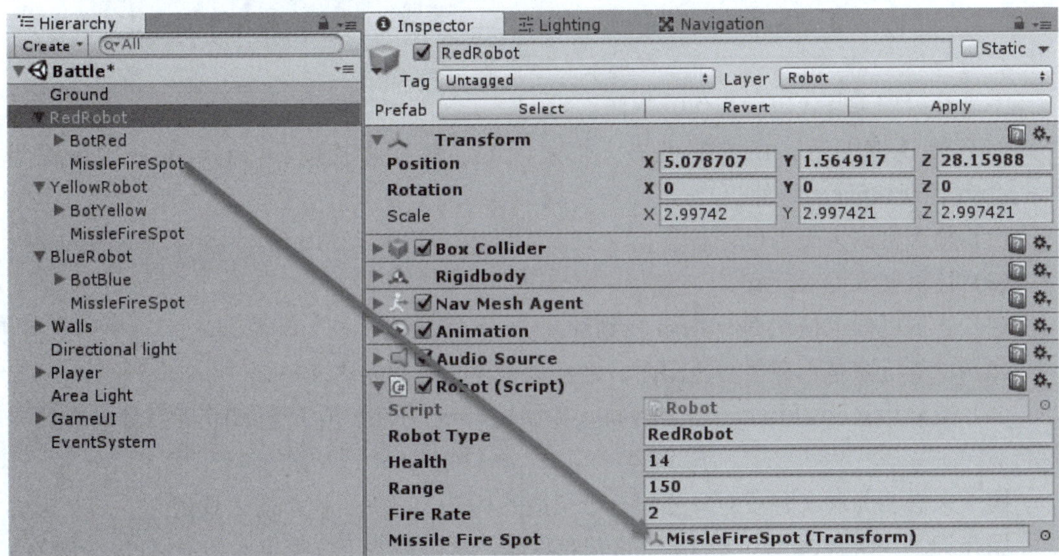

图 3-4-3　设置导弹发射位置

步骤4： 定义生命周期。

现在在代码编辑器中打开Robot脚本，修改如下代码：

```
void Start() {
    // 1
    isDead = false;
    agent = GetComponent<UnityEngine.AI.NavMeshAgent>();
    player = GameObject.FindGameObjectWithTag("Player").transform;
}

// Update is called once per frame
void Update() {
// 2
    if (isDead) {
        return;
    }
// 3
    transform.LookAt(player);

// 4
    agent.SetDestination(player.position);

// 5
    if (Vector3.Distance(transform.position, player.position) < range &&Time.
```

```
time - timeLastFired > fireRate) {
    // 6
            timeLastFired = Time.time;
            fire();
        }
    }
        private void fire() {
            Debug.Log("Fire");
    }
```

下面是对应编号代码中操作的解释：

（1）默认情况下，所有的机器人都是活的。然后将代理和player值分别设置为NavMesh 代理和player组件。

（2）检查机器人是否已死。

（3）让机器人面对玩家。

（4）告诉机器人使用 NavMesh 找到玩家。

（5）检查玩家是否在射击范围内，并且是否攻击冷却完毕。

（6）更新timeLastFired到当前时间，并调用Fire()方法，它只是暂时将消息记录到控制台。

接下来需要为玩家游戏对象分配一个合适的标签，以便于让机器人找到它。

保存脚本，回到Unity。单击Player游戏物体，单击标签下拉菜单，并选择Player标签。

运行游戏，将看到机器人向玩家移动，并且“Fire”日志不断出现在控制台中，如图3-4-4所示。

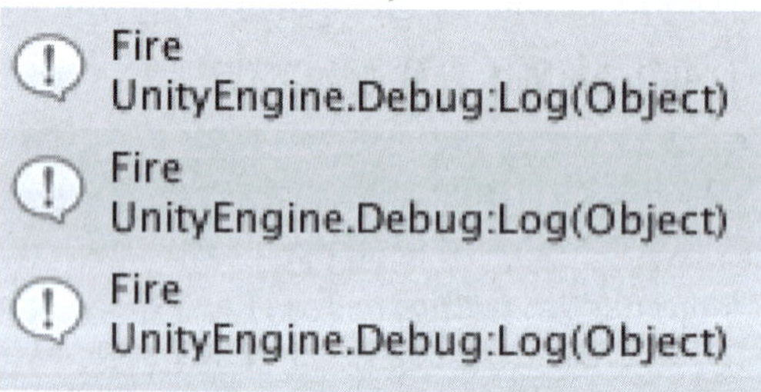

图 3-4-4　控制台消息

任务考评

姓名		完成日期	
序号	考核内容	标准分	评分
01	Git拉取代码	25	
02	TAPD项目管理	25	
03	拖动RedRobot、YellowRobot和BlueRobot	10	
04	对机器人添加变量	5	
05	设置Missile Fire Spot为其子对象	10	
06	定义生命周期	25	
总评分		100	

任务总结：

任务实训

实训名称	修改机器人的生命值与攻击范围
实训目标	掌握机器人创建的技巧
实训要求	(1) 完成机器人的创建； (2) 完成为机器人添加组件
实训总结	

任务二 机器人动画

任务描述

情境描述	程序员A发现，现在机器人在向玩家静态地移动。如果他们脚下的轮子滚起来的话，看起来会好得多。而且机器人在向玩家开火时也应该有射击动作。所以他决定设计这部分。
任务分解	分析上面的工作情境，将任务分解如下： （1）添加足部动画； （2）添加射击动画。
任务准备	了解脚本语言的基本语法： （1）帧动画介绍与制作：Unity的帧动画是用Animation制作的； （2）创建一个Cube作为移动的物体； （3）选中Cube，然后按【Crtl+6】组合键； （4）单击“Create”按钮创建动画文件； （5）动画制作。

任务目标

知识目标	优化机器人的动画。
技能目标	学会如何添加足部动画和设计的动画。
职素目标	耐心和细心：在机器人动画的设计过程中，对软件使用出现的各个问题能耐心地解决，对于脚本代码的细节部分也能细心地完成。

任务实现

视频

机器人动画

以下步骤通过帧动画设计的方法，给机器人添加了足底轮子转动的动画和射击动画。

步骤1： 添加足部动画。

任意选择一个机器人，在其上单击一个RobotRampage_BotBall_v1 的游戏对象（展开其子对象上的箭头找到它），然后转到Window\Animation以打开Animation窗口。单击“Create”按钮：在名称处输入Ball，保存到Animations文件夹下，然后单击“保存”按钮。单击“Add Property”按钮，单击Transform旁边的箭头，然后单击Rotation旁边的“+”号，如图3-4-5所示。

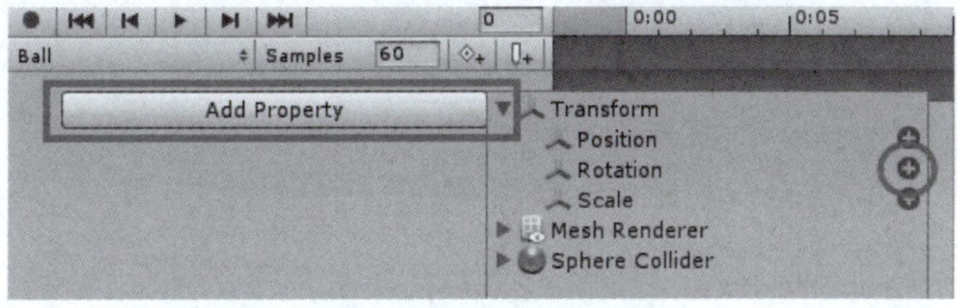

图 3-4-5　添加属性动画

一对关键帧（灰色菱形）将出现在时间轴上的1 s的位置，如图3-4-6所示。

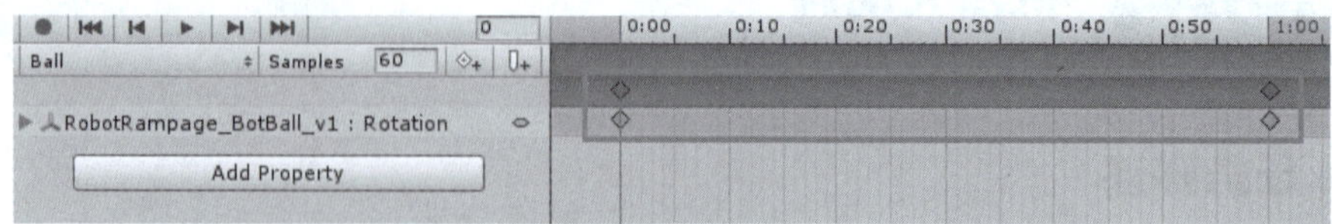

图 3-4-6　动画帧

单击最后一个关键帧，并注意到游戏对象的Rotation字段已在检视视图的转换组件中变为红色。将Rotation X值设置为-360。这将导致球旋转360°　。

同时选择其他两个机器人的RobotRampage_BotBall_v1子游戏对象。选中所有RobotRampage_BotBall_v1游戏后，将RobotRampage_BotBall_v1拖动到检视视图中，如图3-4-7所示。

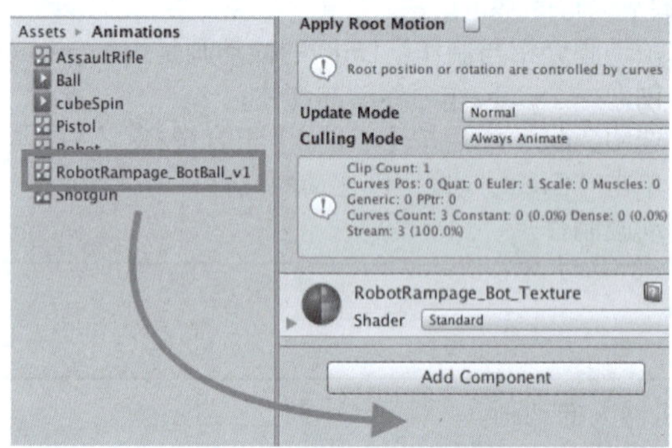

图 3-4-7　拖入动画状态机

运行游戏，会看到机器人脚下的球在旋转，运行效果如图3-4-8所示。

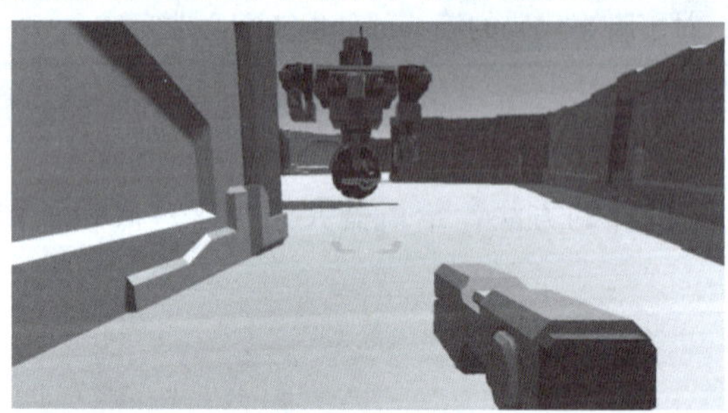

图 3-4-8　运行效果

步骤2: 添加射击动画。

全选三个RobotRampage_Bot游戏对象，并通过单击Controller字段旁边的圆圈选择Robot，如图3-4-9所示。

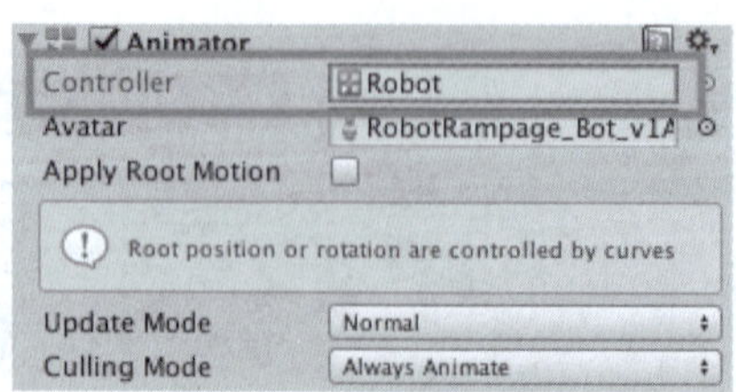

图 3-4-9　选择 Robot

逐个选择每个RobotRampage_Bot，单击Prefab栏的“Apply”按钮，应用对预制体的修改，如图3-4-10所示。

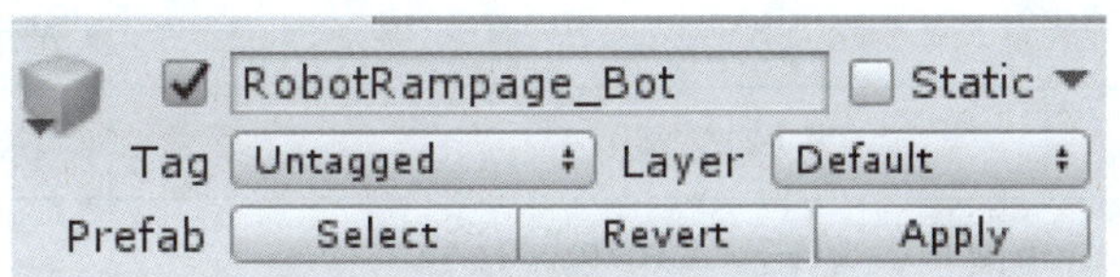

图 3-4-10　修改预制体

现在打开Robot脚本，添加如下变量：

```
public Animator robot;
```

然后修改Fire ()方法：

```
private void fire() {
    robot.Play("Fire");
}
```

保存脚本，回到Unity。选择YellowRobot并将子物体RobotRampage_Bot拖入Robot属性。应用对预制体的修改，如图3-4-11所示。

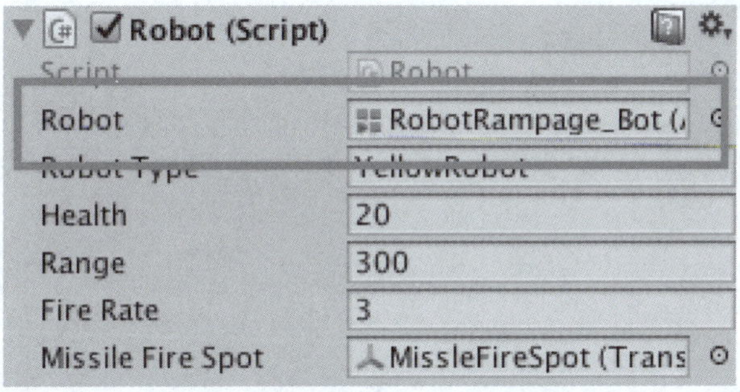

图 3-4-11　应用对预制体的修改

在RedRobot和BlueRobot上执行同样的操作。确保在完成操作后应用对预制体的更改。运行游戏，看到机器人开火了，运行效果如图3-4-12所示。

图 3-4-12　运行效果

看起来运行效果不错，但它遗漏了一些东西。没错，就是实际的导弹。

任务考评

姓名		完成日期	
序号	考核内容	标准分	评分
01	打开Animation窗口。单击“Create”按钮	10	
02	添加属性动画	10	
03	设置动画帧	10	
04	拖入动画状态机	20	
05	选择Robot	25	
06	修改Fire ()方法	25	
	总评分	100	
任务总结：			

任务实训

实训名称	修改足底动画和设计动画
实训目标	了解二者动画设计过程
实训要求	(1) 完成帧动画的创建 (2) 完成动画相互切换
实训总结	

任务三 发射机器人导弹

任务描述

情境描述	程序员A认为之前的机器人动画设计遗漏的部分内容，如机器人实际的导弹并没有显示出来，所以他决定设计这个部分。
任务分解	分析上面的工作情境，将任务分解如下： （1）创建导弹运动逻辑； （2）添加导弹发射方法。
任务准备	（1）了解脚本语言C#的基本语法； （2）介绍实例化物体方法； （3）介绍DesTory方法。

任务目标

知识目标	能够设计机器人导弹的发射。
技能目标	添加实际脚本来控制导弹发射。
职素目标	耐心和细心：在机器人导弹发射的过程中，对软件使用出现的各个问题能耐心地解决，对于脚本代码的细节部分也能细心地完成。

视频

发射机器人导弹

任务实现

以下通过具体的步骤创建了导弹运动逻辑，与导弹发射方法，在Unity中使用协程来模拟线程使用。

步骤1: 创建导弹运动逻辑。

新建一个C#脚本，命名为“Missile”。

将RobotMissileBlue、RobotMissileRed和RobotMissileYellow的预制体从项目视图的Resources文件夹拖到层级视图上。

保持选中层级视图中的RobotMissileBlue、RobotMissileRed和RobotMissileYellow游戏对象，然后将Missile脚本拖到检视面板。

在代码编辑器中打开Missile脚本，并添加以下变量：

```
public float speed = 30f;
public int damage = 10;
```

speed是导弹飞行的速度。damage是导弹命中玩家时造成的伤害。

现在，在damage变量下面添加以下方法：

```
//1
void Start() {
StartCoroutine("deathTimer");
}
```

```
// 2
void Update() {
transform.Translate(Vector3.forward * speed * Time.deltaTime);
}
// 3
IEnumerator deathTimer() {
yield return new WaitForSeconds(10);
Destroy(gameObject);
}
```

在计算机术语中，会经常听到“线程”这个词。这是一种让计算机同时做多种事情的方法。在Unity中，可以使用coroutines（协程）来模拟线程。

协同方法返回IEnumerator。这些决定了协同的持续时间。下面是代码对应的注释：

① 当实例化一个导弹，将开始一个名为“deathTimer”的协同方法。

② 每帧向正前方移动相应的距离。

③ 该方法立即返回一个 WaitForSeconds，设置为10。意为该方法将在yield语句等待10 s后恢复。如果导弹没有击中球员，它将会自毁。

保存脚本，回到Unity。依次单击RobotMissileBlue、RobotMissileRed和RobotMissileYellow游戏对象上的Prefab栏的“Apply”按钮，应用对预制体的更改。

步骤2: 添加导弹发射方法。

打开Robot脚本。在该文件的顶部，在类的“{”下面添加以下内容：

```
[SerializeField]
GameObject missileprefab;
```

missilePrefab 是导弹的预制体。修改Fire()方法，代码如下：

```
private void Fire() {
GameObject missile = Instantiate(missileprefab);
missile.transform.position=missileFireSpot.transform.position;
missile.transform.rotation=missileFireSpot.transform.rotation;
robot.Play("Fire");
}
```

这将实例化一个新的 missilePrefab，并设置其位置和旋转到机器人的射击点。保存脚本回到Unity。

从层级视图中删除RobotMissileBlue、RobotMissileRed和RobotMissileYellow游戏对象。

单击RedRobot游戏对象，将RobotMissileRed预置体从Resources文件夹拖到Robot组件的Missile prefab栏中，然后单击“Apply”按钮。如图3-4-13所示。

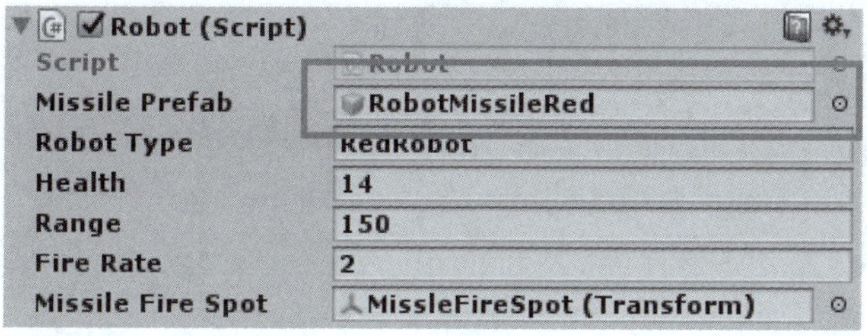

图 3-4-13　设置参数

在YellowRobot和BlueRobot游戏对象上执行同样的操作，确保最后单击了“Apply”按钮。

运行游戏，看到机器人发射导弹，运行效果如图3-4-14所示。

图 3-4-14　运行效果

学习笔记

任务考评

姓名		完成日期	
序号	考核内容	标准分	评分
01	创建脚本并拖拉预设体	10	
02	修改Missile脚本	25	
03	使用coroutines来模拟线程	10	
04	应用对预制体的更改	25	
05	修改Robot脚本	10	
06	应用修改	20	
总评分		100	

任务总结：

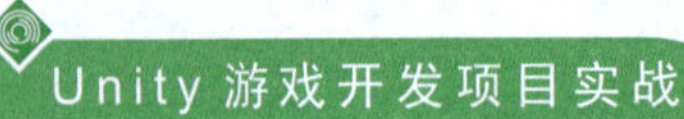

任务实训

实训名称	修改导弹的飞行速度与伤害
实训目标	掌握导弹的基本设计
实训要求	（1）完成导弹预制体的制作； （2）完成Robot代码的修改
实训总结	

任务四 增加伤害的影响

任务描述

情境描述	程序员A现在还有一个任务需要去做：伤害对物体的影响。导弹会伤害到玩家，玩家也会损坏机器人。那么这就要去做伤害的逻辑判断。来判定是否玩家伤害了机器人或者机器人伤害了玩家。
任务分解	分析上面的工作情境，将任务分解如下： （1）添加玩家受击方法； （2）导弹检测碰撞； （3）添加机器人受击方法； （4）实现聚焦； （5）添加射线。
任务准备	了解机器人或玩家阵亡的逻辑判断，即生命值清零。

任务目标

知识目标	掌握伤害影响计算方法。
技能目标	通过添加玩家与机器人受击的方法来进行设置。
职素目标	耐心和细心：在增加伤害的影响过程中，对软件使用出现的各个问题能耐心地解决，对于脚本代码的细节部分也能细心地完成。

任务实现

视频

增加伤害的影响

以下步骤丰富了玩家与机器人受到攻击造成伤害的内容，同时玩家还应具备护甲来减少伤害，当玩家或者机器人生命值为0时，代表死亡。

步骤1： 添加玩家受击方法。

导弹会伤害到玩家，玩家也会损坏机器人。新建一个新的C#脚本，命名它为“Player”，并添加以下变量：

```
public int health;
public int armor;
public GameUI gameUI;
private GunEquipper gunEquipper;
private Ammo ammo;
```

health是玩家的剩余生命值。当生命值为零，游戏结束。

armor是一个玩家的装甲，一旦装甲变成0，玩家将受到100%伤害。

gameUI和gunEquipper是对脚本的引用。

ammo是提前建立的弹药类。将以下内容添加到Start()方法：

```
void Start () {
```

```
ammo = GetComponent<Ammo>();
gunEquipper = GetComponent<GunEquipper>();
}
```

这只是初始化对Ammo和GunEquipper组件的引用。添加以下方法：

```
public void TakeDamage(int amount) {
int healthDamage = amount;
if (armor > 0) {
int effectiveArmor = armor * 2;
effectiveArmor -= healthDamage;
// If there is still armor, don’ t need to process
// health damage
if (effectiveArmor > 0) {
armor = effectiveArmor / 2;
return;
}
armor = 0;
}
health -= healthDamage;
Debug.Log("Health is "+ health);
if (health <= 0) {
Debug.Log("GameOver");
}
}
```

TakeDamage()方法根据玩家剩余的装甲量来计算伤害减免。如果玩家没有盔甲，那么将会受到完整伤害。

如果生命值达到0，游戏将会结束；现在只需要将其记录到控制台。

保存脚本，回到Unity。将Player脚本添加到Player游戏对象。设置Health为100，Armor为 20，并拖动GameUI游戏对象到GameUI字段。

步骤2： 导弹检测碰撞。

当导弹与玩家的碰撞器相撞，它将通过OnCollisionEnter()方法处理伤害玩家的计算。在代码编辑器中打开Missile脚本并添加以下方法：

```
void OnCollisionEnter(Collision collider) {
if(collider.gameObject.GetComponent<Player>()!=null
&&collider.gameObject.tag == "Player") {
collider.gameObject.GetComponent<Player>().TakeDamage(damage);
}
Destroy(gameObject);
}
```

导弹通过检查与它碰撞的游戏对象Tag是否为Player来判断是否击中玩家。它还要检查是否Player脚本处于激活状态，因为Player组件将在游戏结束后被禁用。如果两个条件都满足，它将通过调用Player脚本上的TakeDamage方法来计算伤害。导弹还会同时销毁自身。

保存脚本，回到Unity。

运行游戏。让炮弹击中自己，查看控制台播放的玩家受击信息，如图3-4-15所示。

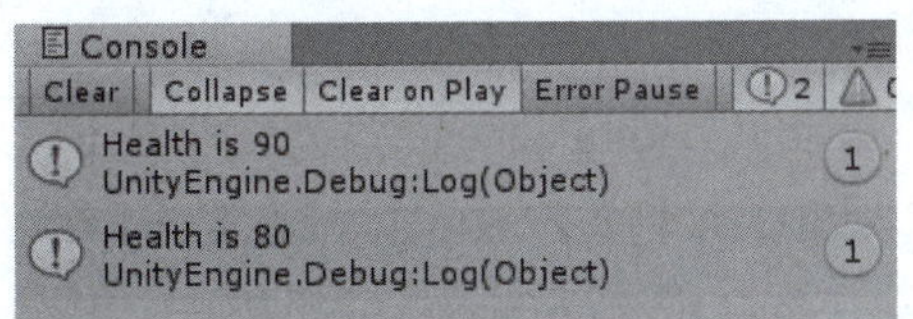

图 3-4-15 控制台信息

步骤3： 添加机器人受击方法。

当玩家的生命值到0时，记录游戏结束。稍后，将会实现更好的处理方法。

目前机器人仍然是无敌的。因为它们还没有添加受击方法。打开Robot脚本并添加以下方法：

```
// 1
public void TakeDamage(int amount) {
if (isDead) {
return;
}
health -= amount;
if (health <= 0) {
isDead = true;
robot.Play("Die");
StartCoroutine("DestroyRobot");
}
}
// 2
IEnumerator DestroyRobot() {
yield return new WaitForSeconds(1.5f);
Destroy(gameObject);
}
```

（1）这与玩家TakeDamage()方法的逻辑大致相同。唯一不同的地方是，机器人将在生命值为0的时候先播放死亡动画再调用DestroyRobot()函数销毁自身。

（2）这在摧毁机器人之前增加了一个1.5 s的延迟，为死亡动画播放完成提供了足够的时间。保存脚本。

步骤4： 实现聚焦。

不同的枪支应该有不同的攻击范围、破坏力以及通过鼠标右键可以实现不同程度的聚焦。

打开Gun脚本，并添加以下变量：

```
public float zoomFactor;
public int range;
public int damage;
private float zoomFOV;
private float zoomSpeed = 6;
```

当玩家单击鼠标右键时，zoomFactor控制缩放级别。

zoomFOV是最终缩放视角。

range是枪的射程。猎枪的射程最短，而手枪最长。

damage是枪造成的伤害。

保存脚本回到Unity。

单击1Pistol游戏对象，并将其ZoomFactor设置为1.3，Range为60，Damage为3。

单击2AssaultRifle游戏对象，并将其ZoomFactor设置为1.4，Range为30，Damage为1。

单击3Shotgun游戏对象，并将其ZoomFactor设置为1.1，Range为10，Damage为10。

打开Gun脚本并更新Start ()方法到以下内容：

```
void Start() {
zoomFOV = Constants.CameraDefaultZoom / zoomFactor;
lastFireTime = Time.time - 10;
}
```

这只是初始化了缩放因子。修改Update()方法，代码如下：

```
protected virtual void Update() {
// Right Click (Zoom)
if (Input.GetMouseButton(1)) {
Camera.main.fieldOfView=Mathf.Lerp(Camera.main.fieldOfView,zoomFOV, zoomSpeed
* Time.deltaTime);
} else {
Camera.main.fieldOfView = Constants.CameraDefaultZoom;
}
}
```

如果玩家单击鼠标右键，这将通过 Mathf Lerp平滑地播放缩放效果。

步骤5： 添加射线。

为了确定机器人是否被击中，将使用光线。光线是一个隐形的射线，但是可以检测到碰撞。首先，必须定义命中的方法。添加以下内容：

```
private void processHit(GameObject hitObject) {
if (hitObject.GetComponent<Player>() != null){
hitObject.GetComponent<Player>().TakeDamage(damage);
}
if(hitObject.GetComponent<Robot>()!=null){
hitObject.GetComponent<Robot>().TakeDamage(damage);
}
}
```

这个方法将伤害值传递给正确的游戏对象。为了实现光线，将以下内容添加到Fire()方法的底部。

```
Ray ray = Camera.main.ViewportPointToRay(new Vector3(0.5f, 0.5f, 0));
RaycastHit hit;
if (Physics.Raycast(ray, out hit, range)) {
processHit(hit.collider.gameObject);
}
```

这将创建一个射线，并检查射线的命中。道理很简单，如果射线在枪的射程内与一个游戏对象碰撞就会触发processHit()方法。

processHit判断命中的是否是机器人，如果是，机器人将会受到伤害。

保存脚本回到Unity。运行游戏，按住鼠标右键缩放，然后攻击那些机器人，直到他们死掉。

任务考评

姓名		完成日期	
序号	考核内容	标准分	评分
01	添加玩家受击方法	20	
02	导弹检测碰撞	20	
03	添加机器人受击方法	20	
04	实现聚焦	20	
05	修改命中的方法	10	
06	保存脚本，实验射线	10	
总评分		100	

任务总结：

任务实训

实训名称	修改机器人的受击方法，改成低于10生命值阵亡
实训目标	了解受击方法的实现
实训要求	（1）完成机器人受伤的方法； （2）修改命中的方法； （3）实现聚焦
实训总结	

任务五 创建补给

任务描述

情境描述	程序员A计划设计空投补给的方式来实现玩家恢复生命值、护甲和弹药。案例将在场景的随机位置添加一些漂浮的补给物让玩家拾取。
任务分解	分析上面的工作情境，将任务分解如下： （1）添加拾取补给的方法； （2）创建补给逻辑； （3）添加补给的漂浮动画。
任务准备	（1）了解补给设计的思路，掌握Unity基本操作； （2）变量的赋值。

任务目标

知识目标	成功设计补给。
技能目标	添加补给拾取的方法来实现。
职素目标	耐心和细心：在增加补给过程中，对软件使用出现的各个问题能耐心地解决，对于脚本代码的细节部分也能细心地完成。

任务实现

为了增加玩家在战斗时的趣味性，以下步骤添加了拾取补给的方法，可以恢复生命值、护甲与弹药。在最后添加了补给品的漂浮动画。

视频

创建补给

步骤1： 添加拾取补给的方法。

玩家需要一种方法来恢复生命值、护甲和弹药。案例将在场景的随机位置添加一些漂浮的补给物让玩家拾取。在代码编辑器中打开Player脚本，并添加以下内容：

```
// 1
private void pickupHealth() {
health += 50;
if (health > 200) {
health = 200;
}
}
private void pickupArmor() {
armor += 15;
}
// 2
private void pickupAssaultRifleAmmo() {
ammo.AddAmmo(Constants.AssaultRifle, 50);
```

```
}
private void pickupPisolAmmo() {
ammo.AddAmmo(Constants.Pistol, 20);
}
private void pickupShotgunAmmo() {
ammo.AddAmmo(Constants.Shotgun, 10);
}
```

这些方法实现了玩家捡到补给物时获得的增益效果。

现在添加以下内容：

```
public void PickUpItem(int pickupType) {
switch (pickupType) {
case Constants.PickUpArmor:
pickupArmor();
break;
case Constants.PickUpHealth:
pickupHealth();
break;
case Constants.PickUpAssaultRifleAmmo:
pickupAssaultRifleAmmo();
break;
case Constants.PickUpPistolAmmo:
pickupPisolAmmo();
break;
case Constants.PickUpShotgunAmmo:
pickupShotgunAmmo();
break;
default:
Debug.LogError("Bad pickup type passed"+ pickupType);
break;
}
}
```

PickUpItem()方法通过传入int参数，获取正在拾取的补给物的类型。

步骤2: 创建补给逻辑。

Constants文件引用所有补给物类型的ID。这些ID对应了5种类型的补给物。这些ID将作为参数传递到PickUpItem()方法中。

保存脚本，回到Unity。新建一个C#脚本，命名为“Pickup”，并添加字段，代码如下：

```
public int type;
```

这表示补给物的类型。现在添加以下内容：

```
void OnTriggerEnter(Collider collider) {
if(collider.gameObject.GetComponent<Player>()!=null&&collider.gameObject.
tag == "Player") {
collider.gameObject.GetComponent<Player>().PickUpItem(type);
Destroy(gameObject);
}
}
```

这会让补给物监听与玩家的碰撞，从而调用玩家身上Player脚本上的PickUpItem()方法，并传入自身的补给类型，然后销毁自身。

保存脚本，回到Unity。在Resources文件夹中，选择PickupAmmoAssaultRifle、PickupAmmoPistol、PickupAmmoShotgun、PickupHealth和PickupArmor预设。选中所有这些选项后，单击脚本类别中的Add Component按钮，选择Pickup脚本。接下来，添加Rigidbody。勾选Is Kinematic复选框。最后，添加BoxCollider。勾选Is Trigger复选框，并设置Size为(1.5，1.5，1.5)。如图3-4-16所示。

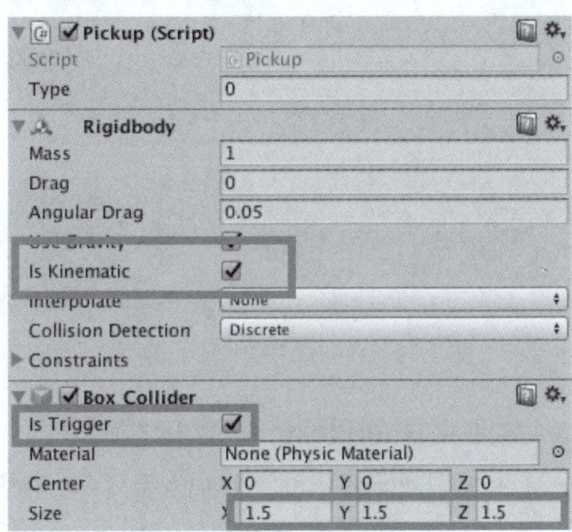

图 3-4-16 设置参数

现在来配置每个补给物的类型。选择Resources文件夹中的PickupAmmoPistol，并将其Type设置为1，将PickupAmmoAssaultRifle设置为2，PickupAmmoShotgun为3，PickupHealth为4，PickupArmor为5。

步骤3： 添加补给的漂浮动画。

现在要做的事情是再补给物上添加旋转和浮动的动画。动画已经预先创建好了，现在只是需要创建Animator。在项目视图的Animations文件夹中创建一个Animator Controller，命名为“Pickup”。

双击Pickup动画控制器打开Animator视图。在空网格处右击，在弹出快捷菜单中选择Create State\Empty命令。在检视视图中，更名为“Spin”，并将Motion设置为cubeSpin，如图3-4-17所示。

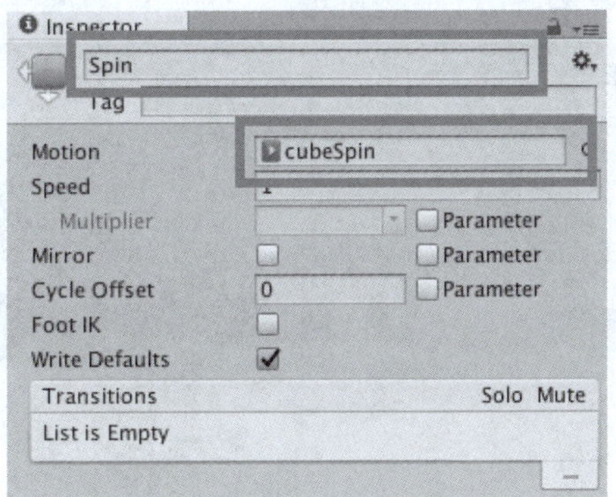

图 3-4-17 创建 State

接下来，返回到项目视图并选择Resources文件夹。展开PickupAmmoAssaultRifle、PickupAmmoPistol、PickupAmmoShotgun、PickupHealth和PickupArmor预设，选中它们的子物体，如图3-4-18所示。

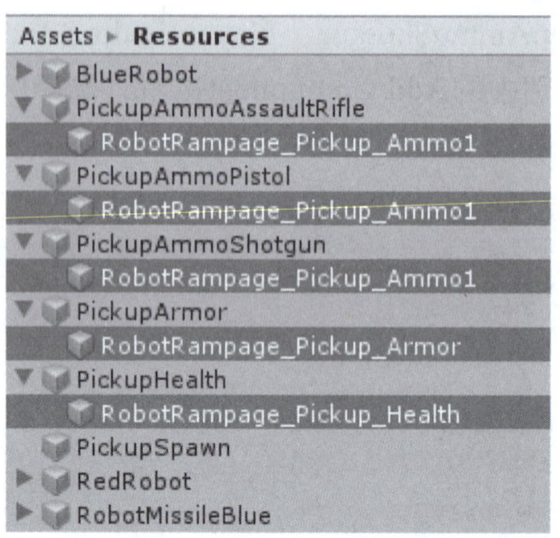

图 3-4-18　选中所有子物体

将项目视图中Animations文件夹里的Pickup拖到检视视图。

现在，将这五个补给物（不是子物体）复制到场景上，位置略高于地面，如图3-4-19所示。

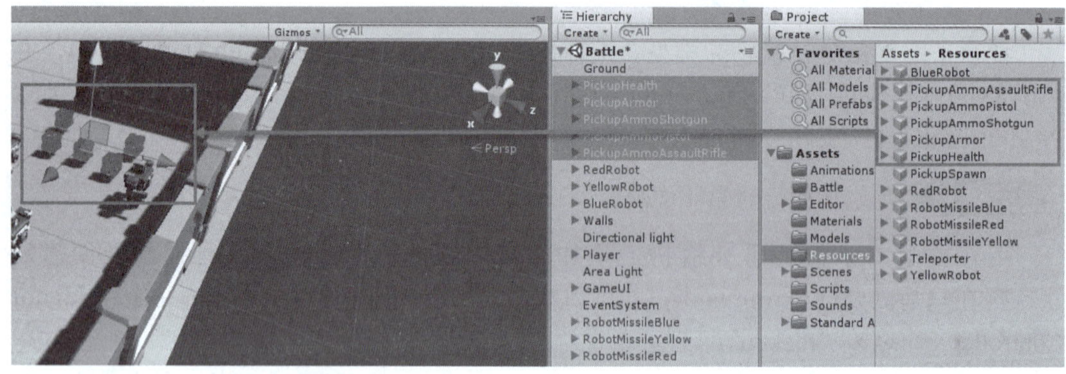

图 3-4-19　拖入补给

运行游戏。控制玩家移动到每个补给上。当主角接触到补给的时候，会获得增益，并且补给物会消失，运行效果如图3-4-20所示。

图 3-4-20　运行效果

任务考评

姓名		完成日期	
序号	考核内容	标准分	评分
01	修改player脚本	10	
02	添加增益效果代码	10	
03	新建“Pickup”脚本，添加代码	10	
04	监听与玩家碰撞的代码	20	
05	添加“Pickup”脚本，配置每个补给品类型	20	
06	添加补给的漂浮动画	30	
总评分		100	

任务总结：

任务实训

实训名称	调整补给大小
实训目标	了解补给设置的过程
实训要求	(1) 完成增益效果的代码； (2) 完成PickUp代码； (3) 配置补给品的类型
实训总结	

任务六 补给刷新点

任务描述

情境描述	程序员A要对补给进行优化，设置补给的刷新点，从而来让补给的刷新更具有趣味性和随机性。
任务分解	分析上面的工作情境，将任务分解如下： （1）创建补给点； （2）设置所有补给点。
任务准备	（1）了解补给刷新的逻辑； （2）Unity中两种延迟调用的方法： ①Invoke()，Invoke()方法的第一个参数是本类中方法的名字（只能是本类中的，不能带参数），第二个参数代表具体延时的时间，单位是秒。 ②协程，StartCoroutine("Do",true);StopCoroutine("Do",true); 协同程序：协程和线程差不多，线程的调度是由操作系统完成的，协程把这项任务交给了程序员自己实现，当然也就可以提高灵活性，另外协程的开销比线程要小，在程序里可以开更多的协程。

任务目标

知识目标	能够设计补给刷新点。
技能目标	通过脚本来对补给点进行设计。
职素目标	耐心和细心：在增加补给点过程中，对软件使用出现的各个问题能耐心地解决，对于脚本代码的细节部分也能细心地完成。

任务实现

补给刷新点

以下步骤依旧是对上一个任务的补给品进行优化，对补给品生成的地点进行了设置，在这里面，可以自定义的设置生成补给品的地点数量与坐标。

步骤1: 创建补给点。

在层级视图中删除所有的Pickup和Robot游戏对象。

创建一个新的C#脚本，将其命名为“PickupSpawn”，并添加字段。

```
[SerializeField]
private GameObject[] pickups;
```

pickups将保存所有补给类型。现在添加以下方法：

```
// 1
void spawnPickup() {
// Instantiate a random pickup
GameObject pickup = Instantiate(pickups[Random.Range(0, pickups.Length)]);
pickup.transform.position = transform.position;
```

```
pickup.transform.parent = transform;
}
// 2
IEnumerator respawnPickup() {
yield return new WaitForSeconds(20);
spawnPickup();
}
// 3
void Start() {
spawnPickup();
}
// 4
public void PickupWasPickedUp() {
StartCoroutine("respawnPickup");
}
```

下面是每个方法的工作：

（1）实例化一个随机类型的补给，并设置它的位置。

（2）在调用spawnPickup()方法之前等待20 s。

（3）在自身实例化时生成一个补给。

（4）当玩家捡起补给时，重置协同方法。

保存脚本。打开Pickup脚本，然后在Destroy(gameObject)上添加以下代码：

```
GetComponentInParent<PickupSpawn>().PickupWasPickedUp();
```

当补给与主角相撞时，将在PickupSpawn脚本上启动生成计时器。

保存脚本回到Unity。

创建一个空的游戏对象，命名为“PickupSpawn”，并添加PickupSpawn脚本，如图3-4-21所示。

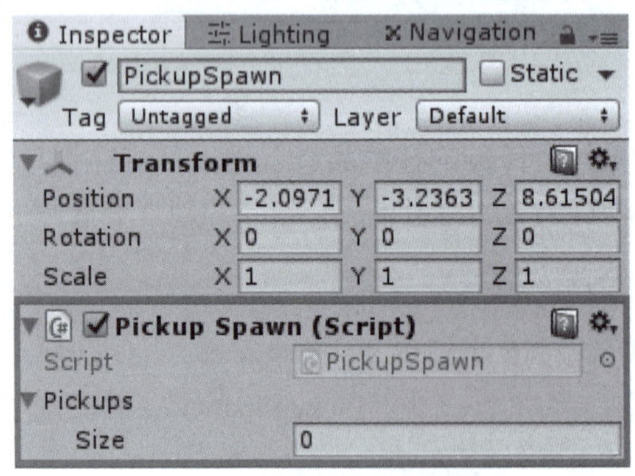

图 3-4-21　PickupSpawn 组件

选中PickupSpawn的游戏对象，设置其Pickups属性的Size为5。

Lock检视视图。将Resources文件夹中的PickupAmmoAssaultRifle、PickupAmmoPistol、PickupAmmoShotgun、PickupHealth和 PickupArmor预设分别拖入到Pickups元素中，如图3-4-22所示。

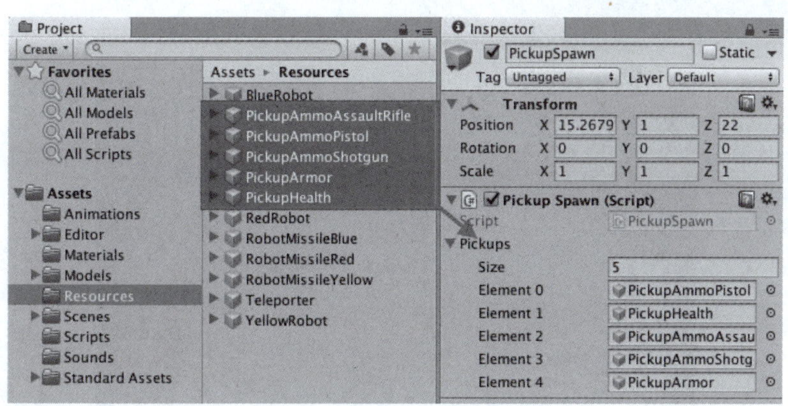

图 3-4-22 为 Pickups 赋值

最后，UnLock检视视图。

步骤2: 设置所有补给点。

现在将PickupSpawn游戏对象拖动到Resources文件夹中，创建一个预制体。

创建一个空的游戏对象，命名为“PickupSpawns”。将其Position设置为 (0，0，0)。将PickupSpawn拖入到PickupSpawns，使其成为PickupSpawns的子物体。然后再复制出6个。为了保持整洁，将每个子对象名称都更改为“PickupSpawn”，如图3-4-23所示。

从最顶部PickupSpawn的游戏对象开始设置位置：

- (-26.0，0.5，3)
- (26.0，0.5，-17)
- (7.0，0.5，3.0)
- (-27.0，0.5，3.0)
- (28，0.5，-10.0)
- (-9.5，0.5，27.0)
- (-1.5，0.5，29.0)

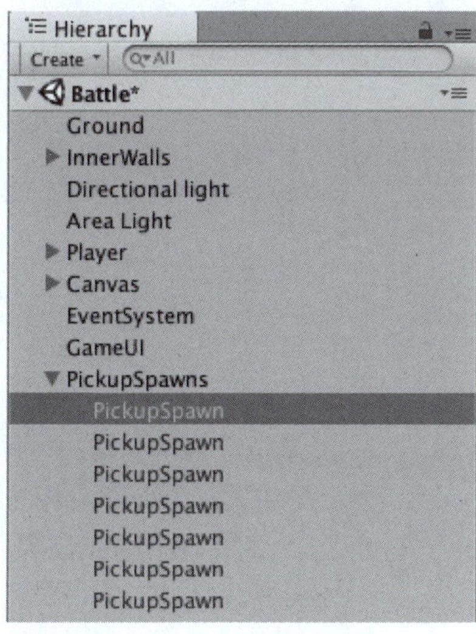

图 3-4-23 所有补给点

运行游戏，会看到七个补给生成在场景中，运行效果如图3-4-24所示。

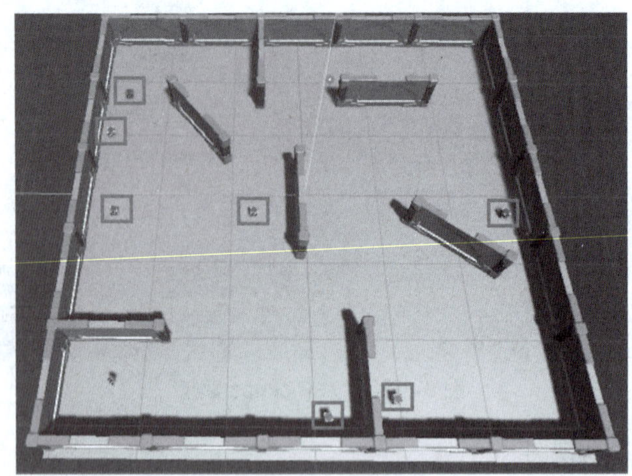

图 3-4-24　运行效果

学习笔记

任务考评

姓名		完成日期	
序号	考核内容	标准分	评分
01	删除所有的Pickup和Robot游戏对象	10	
02	新建脚本并添加方法	20	
03	在Destroy(gameObject)中添加代码	10	
04	修改Pickups属性的Size	20	
05	创建一个预设体	20	
06	创建空的游戏对象，并对位置进行确定	20	
总评分		100	

任务总结：

任务实训

实训名称	增加新的补给点刷新位置
实训目标	掌握补给点的设置过程
实训要求	完成补给品的刷新
实训总结	

任务七 机器人传送点

任务描述

情境描述	程序员A发现目前项目对机器人的设计整体已经完成，但是还缺了一个关键的部分那就是机器人的传送点还没有射击，机器人无法生成到地图上。所以他准备动手设计这个部分。
任务分解	分析上面的工作情境，将任务分解如下： （1）创建传送点； （2）设置所有传送点； （3）创建游戏管理器。
任务准备	熟悉脚本的编写过程 Resource文件夹是用于在运行时加载资源。使用Resource.Load<type>(“path”)的方式加载，简单方便。在Resource文件夹下的文件，在打包的时候会被整合到一个文件中，里面包含了元数据和索引信息，跟AssetBundle很像。索引信息包含了序列化的查找树（用来将名字分解成适当的GUID和本地ID），也用来索引这个Object。查找树的数据结构是一个平衡树，它的效率是O(NLog(N))，N是这个Object在树中的索引。这种级别的增长，导致Resouce中文件越多，索引时间越长。

任务目标

知识目标	能够设计机器人的传送点。
技能目标	设置4个传送点并统一设置。
职素目标	耐心和细心：在增加传送点过程中，对软件使用出现的各个问题能耐心地解决，对于脚本代码的细节部分也能细心地完成。

任务实现

视频

机器人传送点

以下介绍创建机器人传送点的过程，在这个过程还应该控制机器人每一波获得的血量和声明周期来使得游戏时间越长，难度越大。传送点的数量与坐标也可以自定义进行修改。

步骤1： 创建传送点。

现在，补给已经可以自动生成了，下面来实现机器人的自动生成。

将Teleporter预置从Resources文件夹拖到场景的根目录下。

创建一个C#脚本，将其命名为“RobotSpawn”。

在代码编辑器中打开它，并在类的“{”之后添加以下变量：

```
[SerializeField]
GameObject[] robots;
private int timesSpawned;
private int healthBonus = 0;
```

Robots保存了将要用来实例化的所有类型的机器人预制体。

healthBonus 是每个机器人每波获得多少生命值，当玩家活得越久，游戏将变得越难。

timesSpawned 是机器人的生成周期。

接下来添加以下方法：

```
public void SpawnRobot() {
timesSpawned++;
healthBonus += 1 * timesSpawned;
GameObject robot = Instantiate(robots[Random.Range(0, robots.Length)]);
robot.transform.position=transform.position;
robot.GetComponent<Robot>().health += healthBonus;
}
```

SpawnRobot ()方法用来实例化一个机器人，并设置它的生命值和位置。

保存脚本回到Unity。

将RobotSpawn脚本拖动到Teleporter游戏对象上。在层级视图中选择Teleporter游戏对象，然后将RedRobot、YellowRobot和BlueRobot预制体从Resource文件夹中拖到检视视图的Robots字段中，如图3-4-25所示。

步骤2: 设置所有传送点。

在层级视图中，创建一个空的游戏对象，将其命名为“RobotSpawns”，并将其位置设置为(0，0，0)。将Teleporter拖到RobotSpawns中，然后通过【Ctrl+D】组合键复制3个。都重命名为“Teleporter”，如图3-4-26所示。

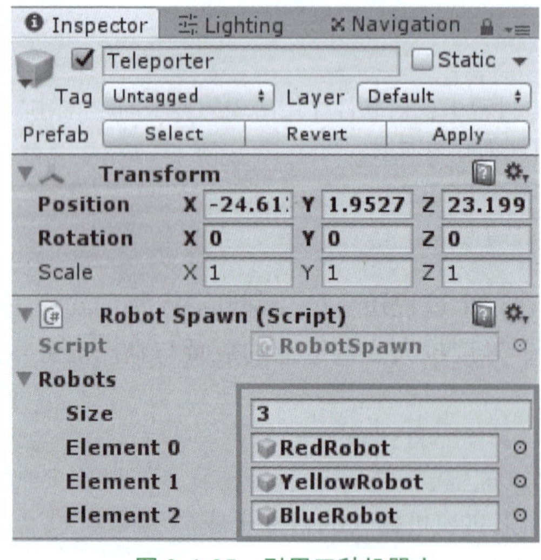

图 3-4-25　引用三种机器人

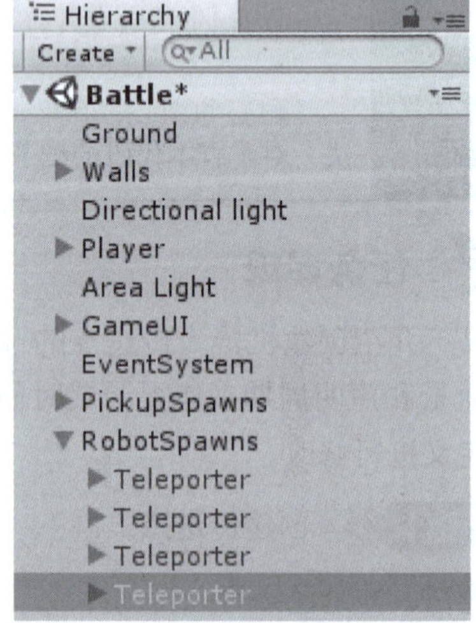

图 3-4-26　所有传送点

从最上面的Teleporter游戏对象开始，将它们的位置依次设置为：

- (-25.0，0，-25.0)

- (25.0，0，-25.0)
- (-25.0，0，28.0)
- (25.0，0，15.0)

运行效果如图3-4-27所示。

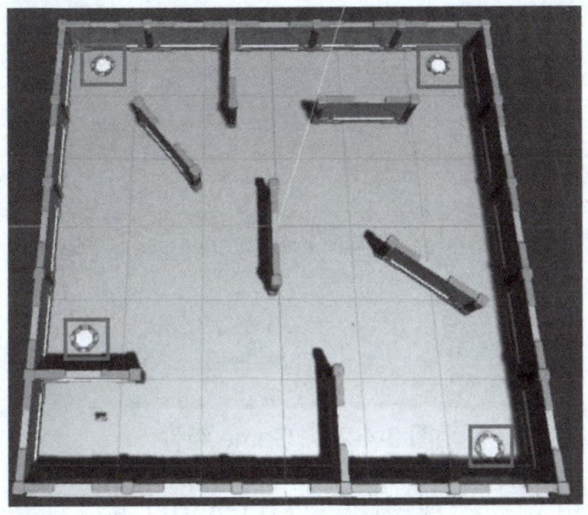

图 3-4-27　传送点位置

步骤3: 创建游戏管理器。

创建一个C#脚本，将它命名为“Game”，并将文件的内容替换为：

```
private static Game singleton;
[SerializeField] RobotSpawn[] spawns;
public int enemiesLeft;
```

singleton引用自身，实现单例模式。因为只有一个游戏，所以只需要一个Game对象来跟踪得分、剩余机器人数量和当前的波数。

spawns是机器人传送器的数组，它们每波产生机器人。

enemiesLeft跟踪游戏中有多少机器人还活着。

接着添加以下方法：

```
// 1
void Start() {
singleton = this;
SpawnRobots();
}
// 2
private void SpawnRobots() {
foreach (RobotSpawn spawn in spawns) {
spawn.SpawnRobot();
enemiesLeft++;
}
}
```

代码说明如下：

(1) 初始化单例并调用SpawnRobots ()方法。

(2) 遍历数组中的每个 RobotSpawn 并调用 SpawnRobot()方法来生成一个机器人。

保存脚本回到Unity。

创建一个空的游戏对象，命名为“Game”。将Game脚本拖动到这个对象上，如图3-4-28所示。

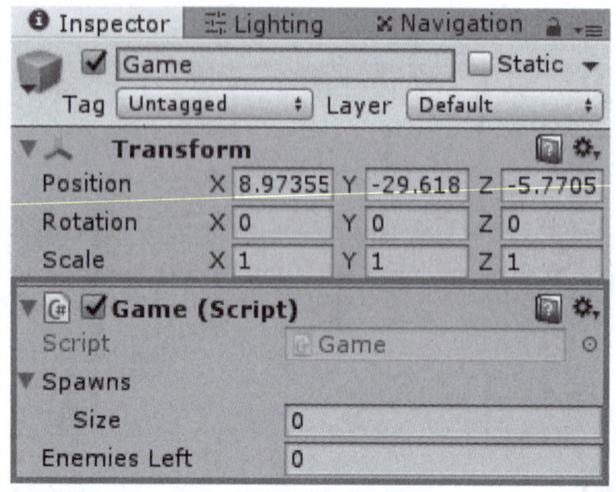

图 3-4-28　Game 组件

选中Game游戏对象并锁住检视视图。将Teleporter游戏对象全部拖动到Spawns字段上，如图3-4-29所示。

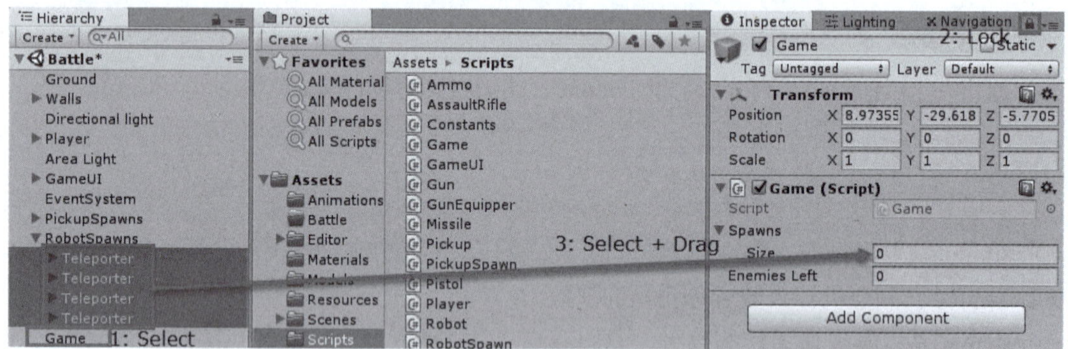

图 3-4-29　引用传送点

完成后，解锁检视视图。

运行游戏，会看到生成了4个机器人，运行效果如图3-4-30所示。

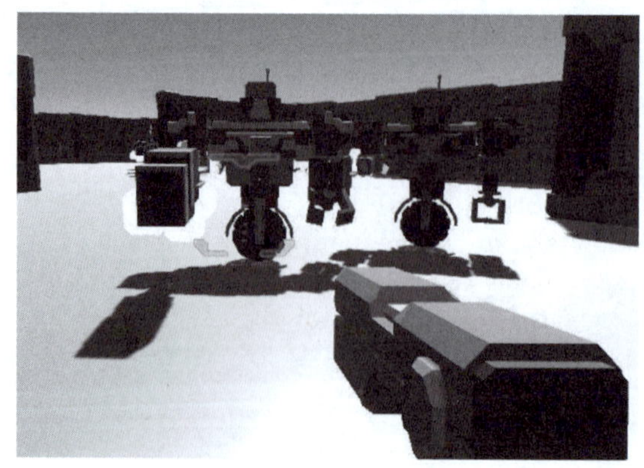

图 3-4-30　运行效果

任务考评

姓名		完成日期	
序号	考核内容	标准分	评分
01	创建新的C#脚本并填写代码	10	
02	添加实例化机器人的代码	20	
03	将预设体拖动到视图的字段中	30	
04	创建游戏对象，并重命名	10	
05	创建Game类实现机器人传送初始化	20	
06	锁住检视视图并将Teleporter游戏对象全部拖动到Spawns字段	10	
总评分		100	

任务总结：

任务实训

实训名称	增加一个机器人传送点，并进行设计
实训目标	掌握机器人传送点的设计方法
实训要求	（1）完成添加传送点； （2）完成创建Game类； （3）实现机器人传送初始化
实训总结	

任务八 添加声音

任务描述

情境描述	项目的大部分已经建立完毕，现在还差一点点的声音，这个部分将由程序员C来设计。
任务分解	分析上面的工作情境，将任务分解如下： （1）添加音频； （2）实现声音播放。
任务准备	掌握脚本语言语法。AudioSource是音频源组件，其作用就是用于播放音频剪辑（AudioClip）资源。这里列出常用的组件及其属性： （1）AudioClip（音频剪辑）：指定播放的音频文件。 （2）Output（音频输出）：可以输出到音频监听器(AudioListener)或者音频混合器(AudioMixer)。 （3）Mute（是否静音）：主要是针对游戏中的音效，优势在于不会卸载声音数据，可以做到及时播放，音效一般比较多、占用内存小，使用静音可以让画面快速响应，且可以立刻恢复当前音效。 （4）Loop（循环播放开关）：音频播放结束自动循环。 （5）Volume（音量）：调节音量的大小。 （6）3D Sound Settings（3D音频设置）：设置3D音频。

任务目标

知识目标	掌握添加声音的方法。
技能目标	了解声音播放的方法。
职素目标	耐心和细心：在增加声音过程中，对软件使用出现的各个问题能耐心地解决，对于脚本代码的细节部分也能细心地完成。

任务实现

视频

添加声音

以下步骤对游戏的声音进行了设置。

步骤1： 添加音频。

大部分内容已经建立完毕，现在还差声音的设置。打开Robot脚本并在顶部添加以下代码：

```
[SerializeField]
private AudioClip deathSound;
[SerializeField]
private AudioClip fireSound;
[SerializeField]
private AudioClip weakHitSound;
```

保存脚本，回到Unity。

在Resources文件夹中通过Ctrl键加鼠标左键同时选中YellowRobot、RedRobot和BlueRobot预制体，并将Fire Sound设置为missile、Death Sound设置为deadRobot，以及Weak Hit Sound设置为weakHitSound。

步骤2： 实现声音播放。

打开Robot脚本，在Fire ()方法的“}”前添加如下代码：

```
GetComponent<AudioSource>().PlayOneShot(fireSound);
```

现在，修改 TakeDamage ()方法来播放一些声音。使用如下代码替换掉if (health <= 0)的内容：

```
if (health <= 0) {
isDead = true;
robot.Play("Die");
StartCoroutine("DestroyRobot");
GetComponent<AudioSource>().PlayOneShot(deathSound);
}
else {
GetComponent<AudioSource>().PlayOneShot(weakHitSound);
}
```

保存脚本，回到Unity。运行游戏，会听到更多的声音。

学习笔记

任务考评

姓名		完成日期	
序号	考核内容	标准分	评分
01	添加音频	50	
02	实现声音播放	50	
总评分		100	

任务总结：

任务实训

实训名称	更换播放的音乐
实训目标	了解如何播放音乐
实训要求	（1）完成声音的添加； （2）完成音效的添加
实训总结	

模块五 UI设计

UI决定了一个游戏的初体验，甚至决定了一个游戏的品质，虽然看起来是表象的，却是直指游戏核心。简单讲，玩家认可一款游戏永远都是造型场景好、剧情好、画质棒；但是玩家说一款游戏简单粗暴、平衡差、数值不平衡。这说明一个什么问题呢？绝大部分玩家，还是偏感受型的，只要UI方面做得好，玩家就会觉得你至少是个有品质的游戏。所以需要学习的最后一个模块就是UI设计，具体任务如下。

任务一 添加UI元素

任务描述

情境描述	程序员A发现UI元素的设计方面还有待提高，所以他来负责这个部分的开发任务。
任务分解	分析上面的工作情境，将任务分解如下： （1）Git拉取代码； （2）TAPD项目管理； （3）添加UI元素； （4）添加Text控件。
任务准备	熟悉git和TAPD基本操作。 UGUI允许用户直观地创建用户界面，它提供了强大的可视化编辑器，极大地提高了界面的开发速度，同时也可以做到界面的适配。在菜单栏中GameObject中选择UI，这里面有常用的控件。

任务目标

知识目标	掌握UI元素的添加。
技能目标	学习添加UI元素和Text控件。
职素目标	耐心和细心：在增加UI元素过程中，对软件使用出现的各个问题能耐心地解决，对于脚本代码的细节部分也能细心地完成。

任务实现

视频

添加UI元素

以下通过具体的步骤来进行UI元素的添加和Text控件，这个部分完成之后将对游戏的界面进行优化，最后一个步骤为优化后的界面。

步骤1： 从码云上拉取代码。

操作步骤见本单元模块一。

步骤2: 在TAPD查看任务。

操作步骤见本单元模块一。

步骤3: 添加Image控件。

本节需要在之前创建的Canvas下再创建一堆的Image和TextView。

在层级视图中选择Canvas游戏对象，右击在弹出的菜单中选择“UI\Image”命令创建一个Image，重命名为“BottomBar”。选择BottomBar并查看检视视图。会发现它已经改变了，如图3-5-1所示。

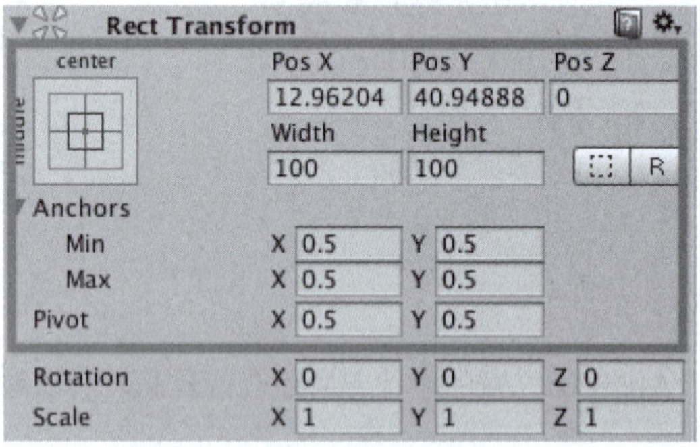

图 3-5-1　检视视图变化

Transform组件所在位置已经被另一组件替换，RectTransform（矩形变换）是专门为UI 设计的一组全新的控制位置的组件。

如果要在代码中设置UI控件的位置，也需要使用RectTransform而不是Transform。接下来，选择Anchor Presets框，如图3-5-2所示。

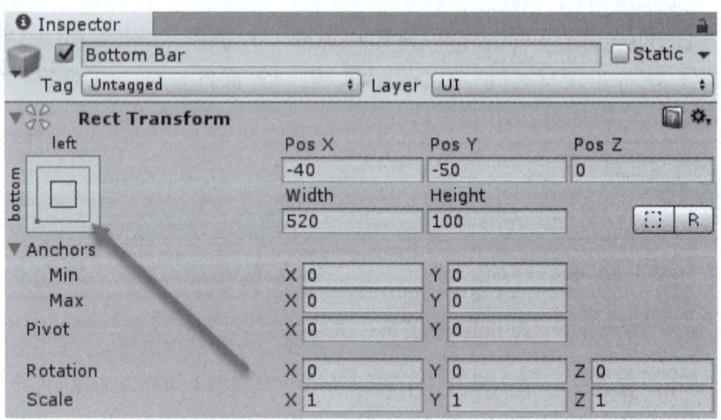

图 3-5-2　选择 Anchor Presets 框

会展开一个视图框，如图3-5-3所示。

这是Unity为开发者准备的锚点预设。当然，这些都可以通过手动移动锚点来实现。单击左下角预设进行设置位置，如图3-5-4所示。

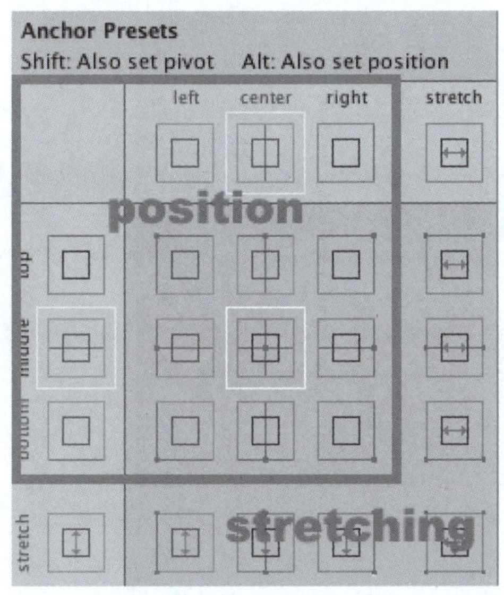

图 3-5-3 Anchor Presets 设置

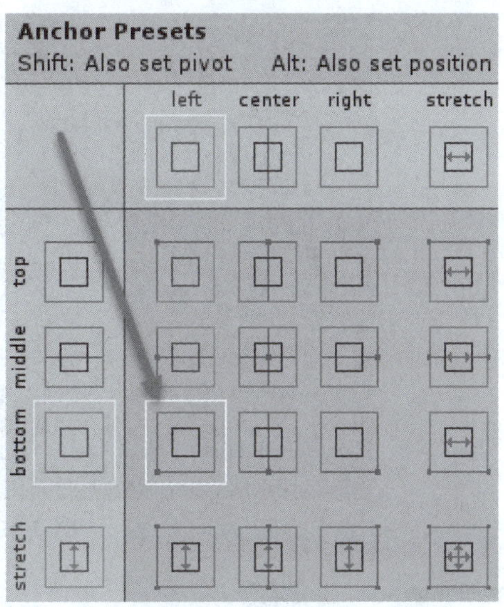

图 3-5-4 设置锚点

将Pivot设置为 (0，0)，Pos设置为(-40,-50，0)，Width设置为 520，Height设置为100，和Source Image为 Pink_Grey_Text。

最终效果如图3-5-5所示。

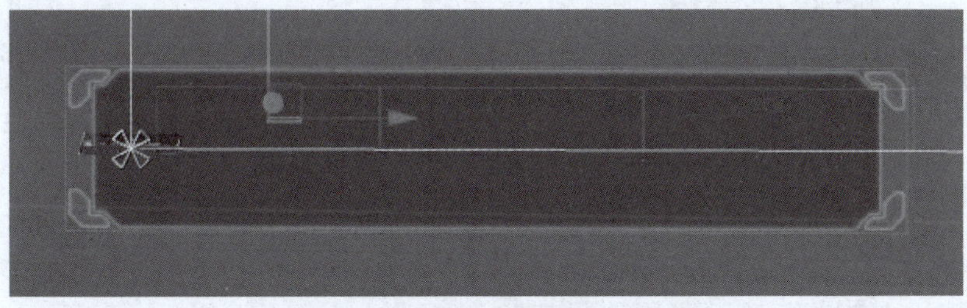

图 3-5-5 最终效果

Pos字段表示相对于锚点的位置。这里，将PosY设置为-50。这会使图片往下移动50个像素点。

接下来还有很多新UI需要创建，首先从图片开始。

下面是需要添加的图片列表，如图3-5-6所示。

Type	Name	Anchor Preset	Pivot	Pos	Width	Height	Source Image
Image	TopRightBar	top right	(1, 1)	(40, 50, 0)	220	100	Pink_Grey_Texture
Image	TopLeftBar	top left	(0, 0)	(-40, -50, 0)	260	100	Pink_Grey_Texture

图 3-5-6 图片列表

完成后的UI如图3-5-7所示。

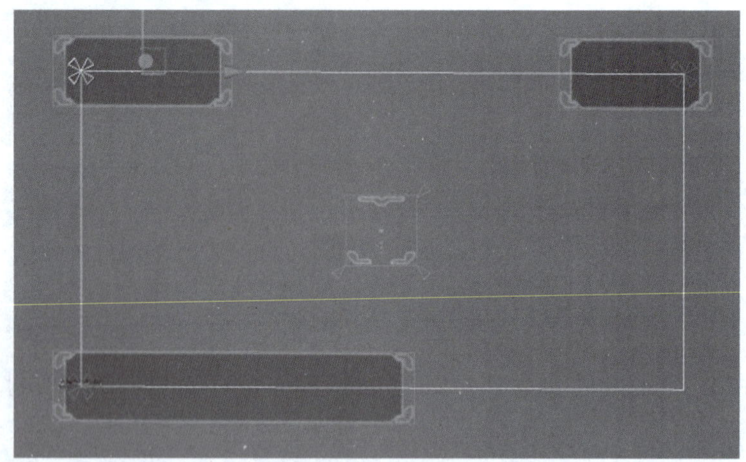

图 3-5-7　最终 UI

步骤4： 添加Text控件。

现在创建文本，下面是需要添加的文本列表，如图3-5-8所示。

Type	Name	Anchor Preset	Pivot	Pos	Width	Height	Text	Font	Font Style	Font Size	Color
Text	Ammo	bottom left	(0, 0.5)	(16.2, 19, 0)	138	37	Ammo: 0	heavy_data	Bold	25	White
Text	Health	bottom left	(0, 0.5)	(153.9, 19, 0)	162	37	Health: 100	heavy_data	Bold	25	White
Text	Armor	bottom left	(0, 0.5)	(315.9, 19, 0)	168	37	Armor: 20	heavy_data	Bold	25	White
Text	Score	top center	(0,0.5)	(-105, -48, 0)	208	75.3	0	heavy_data	Bold	62	White
Text	PickupText	bottom right	(0, 0.5)	(-292.1, 44.9,0	288.4	77.5	Pickup Text	heavy_data	Bold	25	White
Text	WaveText	top left	(0, 0.5)	(15, -32, 0)	317	47	Next Wave: 30	heavy_data	Bold	25	White
Text	EnemyText	top right	(0, 0)	(-141, -55.5, 0)	317	47	Enemies: 4	heavy_data	Bold	25	White
Text	WaveClearText	top center	(0, 0.5)	(-155.3, -106, 0)	317	47	Wave Cleared	heavy_data	Bold	25	White
Text	NewWaveText	top center	(0,0.5)	(-200,-164,0)	434	47	New Wave ... Enemies are stronger!	heavy_data	Bold	25	White

图 3-5-8　文本列表

创建完之后稍微做一些调整。

将Score、WaveClearText和NewWaveText的Alignment设置成居中对齐。最终效果如图3-5-9所示。

最后，禁用以下游戏对象的文本组件（注意是禁用组件）：PickupText、WaveClearText和NewWaveText。再次运行游戏会看到一个全新的用户界面，运行效果如图3-5-10所示。

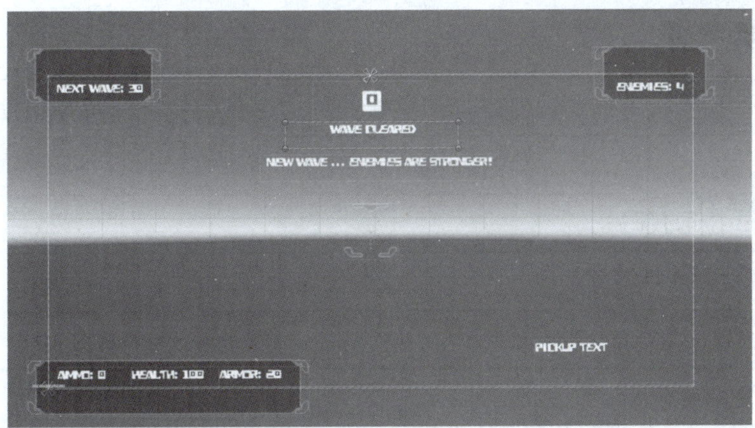

图 3-5-9 最终效果

图 3-5-10 运行效果

学习笔记

任务考评

姓名		完成日期	
序号	考核内容	标准分	评分
01	Git拉取代码	25	
02	TAPD项目管理	25	
03	创建一堆Image和TextView。	10	
04	设置锚点	5	
05	将Score、WaveClearText和NewWaveText的Alignment设置成居中对齐	20	
06	禁用PickupText、WaveClearText和NewWaveText组件	15	
总评分		100	

任务总结：

任务实训

实训名称	练习Image和TextView的用法
实训目标	掌握Image和TextView
实训要求	（1）完成添加UI； （2）完成UI组件锚点的设置
实训总结	

任务二 编码 UI

任务描述

情境描述	程序员A想通过编码UI 的方式来进行优化游戏的过程，其中包括动态显示、添加修改控件等方法。
任务分解	分析上面的工作情境，将任务分解如下： （1）引用控件； （2）添加修改控件的方法； （3）添加动态显示控件的方法； （4）更新护甲和生命值； （5）提醒补给信息； （6）更新弹药； （7）跟踪游戏进度； （8）更新得分。
任务准备	（1）掌握脚本代码语法； （2）动态添加控件； （3）如何显示与隐藏UI物体： ① 基本的组件可以直接调节颜色透明度，如Image和Text组件。 ② CanvasGroup，这种方法可以同时控制子物体的显示和隐藏，关键要给UI添加一个CanvasGroup组件。

任务目标

知识目标	了解编码UI的实现。
技能目标	优化各个功能。
职素目标	耐心和细心，在编码UI过程中，对软件使用出现的各个问题能耐心地解决，对于脚本代码的细节部分也能细心地完成。

视频

编码UI

任务实现

以下步骤具体实现了游戏内更新护甲和生命值，提醒补给信息，更换弹药，跟踪游戏进度和更新得分的功能。

步骤1： 引用控件。

在代码编辑器中打开GameUI脚本，并在类的“{”下面添加以下变量：

```
[SerializeField]
private Text ammoText;
[SerializeField]
private Text healthText;
[SerializeField]
private Text armorText;
[SerializeField]
```

```
private Text scoreText;
[SerializeField]
private Text pickupText;
[SerializeField]
private Text waveText;
[SerializeField]
private Text enemyText;
[SerializeField]
private Text waveClearText;
[SerializeField]
private Text newWaveText;
[SerializeField]
Player player;
```

这些只是简单地引用刚刚创建的UI元素和Player游戏对象。

保存脚本，回到Unity。

选择GameUI，在检视视图中将看到所有新字段。将之前创建的所有控件拖动到这些空字段中，如图3-5-11所示。此外，拖动Player游戏对象到Player字段。

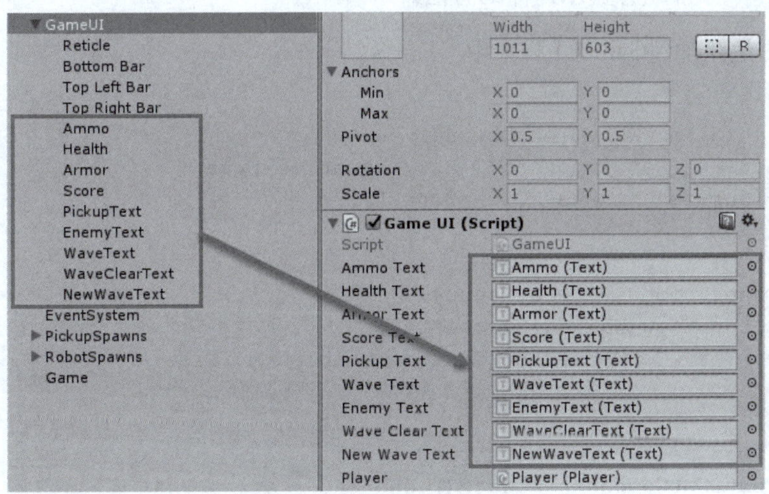

图 3-5-11 引用所有控件

步骤2: 添加修改控件的方法。

在代码编辑器中打开 GameUI 脚本，并将以下内容添加到类的底部：

```
// 1
void Start() {
SetArmorText(player.armor);
SetHealthText(player.health);
}
// 2
public void SetArmorText(int armor) {
armorText.text = "Armor: "+ armor;
}
public void SetHealthText(int health) {
healthText.text = "Health: "+ health;
```

```
}
public void SetAmmoText(int ammo) {
ammoText.text = "Ammo: "+ ammo;
}
public void SetScoreText(int score) {
scoreText.text = ""+ score;
}
public void SetWaveText(int time) {
waveText.text = "Next Wave: "+ time;
}
public void SetEnemyText(int enemies) {
enemyText.text = "Enemies: "+ enemies;
}
```

代码说明如下：

（1）初始化玩家生命值和弹药的文本。

（2）后面的方法只是设置相关文本的值。

步骤3： 添加动态显示控件的方法。

将以下方法添加到GameUI 脚本中：

```
// 1
public void ShowWaveClearBonus() {
waveClearText.GetComponent<Text>().enabled=true;
StartCoroutine("hideWaveClearBonus");
}
// 2
IEnumerator hideWaveClearBonus() {
yield return new WaitForSeconds(4);
waveClearText.GetComponent<Text>().enabled = false;
}
// 3
public void SetPickUpText(string text){
pickupText.GetComponent<Text>().enabled = true;
pickupText.text = text;
// Restart the Coroutine so it doesn't end early
StopCoroutine("hidePickupText");
StartCoroutine("hidePickupText");
}
// 4
IEnumerator hidePickupText() {
yield return new WaitForSeconds(4);
pickupText.GetComponent<Text>().enabled = false;
}
// 5
public void ShowNewWaveText() {
StartCoroutine("hideNewWaveText");
newWaveText.GetComponent<Text>().enabled = true;
}
// 6
IEnumerator  hideNewWaveText()  {
```

```
yield return new WaitForSeconds(4);
newWaveText.GetComponent<Text>().enabled = false;
}
```

代码说明如下：

(1) 显示waveClearText的同时启动隐藏文本的协同。这样可以让文本只显示4 s。

(2) 在隐藏waveClearText之前等待4 s。

(3) 启用设置pickup text，并重新启动 hidePickup()协同。这使得玩家可以快速连续地拾取两个或更多的补给，而不会在第一个pickup text超时之前显示第二个pickup text。

(4) 在隐藏pickup text之前等待4 s。

(5) 显示new wave text。

(6) 在隐藏new wave text之前等待4 s。

现在，GameUI脚本具有了更新UI所需的代码，还需要在适当的时候调用这些代码。

步骤4： 更新护甲和生命值。

保存脚本并打开Player脚本。

在TakeDamage()方法的armor = effectiveArmor / 2;一行下面添加如下代码：

```
gameUI.SetArmorText(armor);
```

在armor = 0；行下面添加如下代码：

```
gameUI.SetArmorText(armor);
```

这些代码将在装备被破坏时更新装甲的UI。

将代码Debug.Log("Health is"+health);替换为如下代码：

```
gameUI.SetHealthText(health);
```

当生命值改变时，它将在UI中更新。

步骤5： 提醒补给信息。

在pickupHealth()方法的“}”上方添加以下内容：

```
gameUI.SetPickUpText("Health picked up + 50 Health");
gameUI.SetHealthText(health);
```

这将显示Pickup提示，并更新生命值的UI。

在 pickupArmor()方法的“}”上方添加以下内容：

```
gameUI.SetPickUpText("Armor picked up + 15 armor");
gameUI.SetArmorText(armor);
```

这将显示Pickup提示，并更新装甲UI。

在pickupAssaultRifleAmmo()方法的“}”上方添加以下内容：

```
gameUI.SetPickUpText("Assault rifle ammo picked up + 50 ammo");
if(gunEquipper.GetActiveWeapon().tag==Constants.AssaultRifle){
gameUI.SetAmmoText(ammo.GetAmmo(Constants.AssaultRifle));
}
```

首先，这将在UI中提醒玩家拾取到了弹药。然后进行代码检查，当前活动的枪是否为突击步枪，然后再进行弹药计数。如果没有这一步判断，那么在拾取了别的类型的弹药时，UI中会显示错误的弹药计数。

现在添加其他弹药类型的代码。

在 pickupPistolAmmo()方法的“}”上方添加以下内容：

```
gameUI.SetPickUpText("Pistol ammo picked up + 20 ammo");
if(gunEquipper.GetActiveWeapon().tag==Constants.Pistol){
gameUI.SetAmmoText(ammo.GetAmmo(Constants.Pistol));
}
```

在 pickupShotgunAmmo()方法的“}”上方添加以下内容：

```
gameUI.SetPickUpText("Shotgun ammo picked up + 10 ammo");
if(gunEquipper.GetActiveWeapon().tag==Constants.Shotgun){
gameUI.SetAmmoText(ammo.GetAmmo(Constants.Shotgun));
}
```

保存修改。

步骤6： 更新弹药。

在代码编辑器打开Ammo脚本，在ConsumeAmmo()方法的“}”前添加以下内容：

```
gameUI.SetAmmoText(tagToAmmo[tag]);
```

这会在每次玩家开火时更新弹药计数的UI。

在代码编辑器中打开GunEquipper 脚本，添加以下变量：

```
[SerializeField] Ammo ammo;
```

在 loadWeapon()方法的“}”前添加以下内容：

```
gameUI.SetAmmoText(ammo.GetAmmo(activeGun.tag));
```

在玩家切换枪的时候，将会更新弹药计数的类型。但是，在编辑器中还没有分配弹药。

保存脚本，并回到Unity。

选择Player游戏对象，并将其拖动到 Gun Equipper 组件的Ammo属性上，如图3-5-12所示。

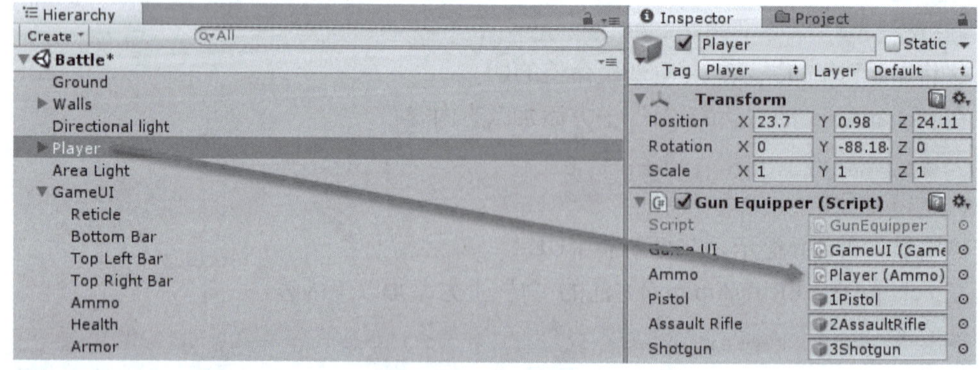

图 3-5-12 引用 Player

步骤7： 跟踪游戏进度。

在代码编辑器中打开Game脚本，并在类的“{”之后添加以下变量：

```
public GameUI gameUI;
public GameObject player;
public int score;
public int waveCountdown;
public bool isGameOver;
```

这些只是一些引用和计数。值得注意的一个变量是 isGameOver，它会跟踪游戏是否已经结束。

保存脚本，并回到Unity，然后选中Gane游戏对象。

将GameUI游戏对象拖动到Game组件的GameUI字段上，将Player游戏物体拖动到Player字段上，如图3-5-13所示。

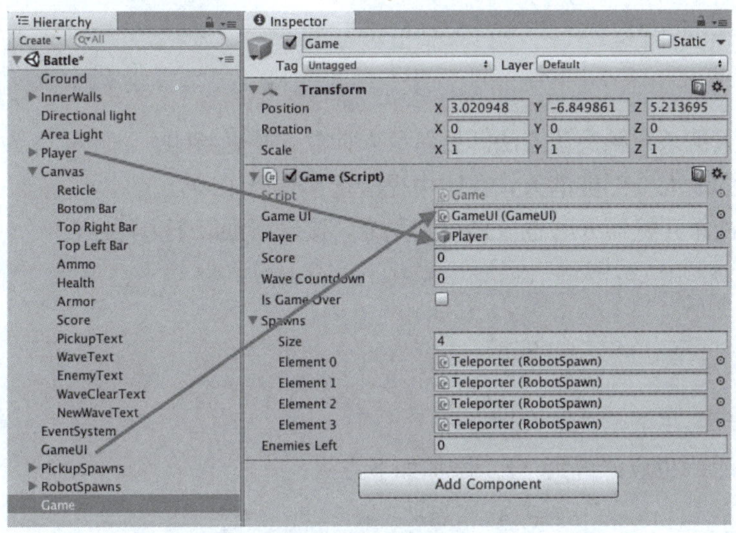

图 3-5-13　引用对象

在代码编辑器中打开Game脚本，将如下代码添加到顶部：

```
using System.Collections;
```

将如下方法添加到SpawnRobots()的“}”后面：

```
private IEnumerator updateWaveTimer() {
while (!isGameOver) {
yield return new WaitForSeconds(1f);
waveCountdown--;
gameUI.SetWaveText(waveCountdown);
// Spawn next wave and restart count down
if (waveCountdown == 0) {
SpawnRobots();
waveCountdown = 30;
gameUI.ShowNewWaveText();
}
}
}
```

首先查看游戏是否结束。如果没有结束，脚本将在暂停1 s后开始递减waveCountdown和更新UI。

如果倒计时到0，调用的生成机器人的方法，重置倒计时，然后通过UI通知玩家：新一波机器人要来了。

步骤8： 更新得分。

接着在后面添加新方法：

```
public static void RemoveEnemy() {
singleton.enemiesLeft--;
singleton.gameUI.SetEnemyText(singleton.enemiesLeft);
// Give player bonus for clearing the wave before timer is done
if(singleton.enemiesLeft==0){
singleton.score += 50;
singleton.gameUI.ShowWaveClearBonus();
}
}
```

当有机器人被杀死触发该方法。更新敌人计数，并更新UI。

如果场上的敌人全部被消灭，在UI中提醒玩家获得了50分。

玩家在每次杀死机器人时也应该得到积分。接着添加以下方法：

```
public void AddRobotKillToScore() {
score += 10;
gameUI.SetScoreText(score);
}
```

该方法让玩家在杀死机器人时得分。

玩家每存活1 s也应该得到1分。添加如下方法：

```
IEnumerator increaseScoreEachSecond() {
while (!isGameOver) {
yield return new WaitForSeconds(1);
score += 1;
gameUI.SetScoreText(score);
}
}
```

这只是一个协同，每秒更新一次比分。

Start()方法现在需要对一些关键变量初始化。在singleton =this;行后面添加以下代码：

```
StartCoroutine("increaseScoreEachSecond");
isGameOver = false;
Time.timeScale = 1;
waveCountdown = 30;
enemiesLeft = 0;
StartCoroutine("updateWaveTimer");
```

首先开始执行increaseScoreEachSecond，然后将所有变量初始化为它们的起始值，然后再开始执行updateWaveTimer。

在 SpawnRobots ()方法的“}”前添加以下代码。

```
gameUI.SetEnemyText(enemiesLeft);
```

这将更新敌人数量UI为最新的值。保存脚本并打开Robot脚本。

调用刚刚创建的 RemoveEnemy()方法。

在StartCoroutine("DestroyRobot")：代码后面添加以下内容：

```
Game.RemoveEnemy();
```

这将会使敌人数量减1并更新UI。保存修改，回到Unity。

运行游戏。观察弹药、生命和装甲的变化。

左上角将显示new wave倒计时，倒计时结束前杀死所有敌人会获得额外奖励。当它变成0时将产生新的敌人。

学习笔记

任务考评

姓名		完成日期	
序号	考核内容	标准分	评分
01	引用控件	10	
02	添加修改控件的方法	20	
03	添加动态显示控件的方法	10	
04	更新护甲和生命值	20	
05	提醒补给信息	10	
06	更新弹药	10	
07	跟踪游戏进度	10	
08	更新得分	10	
总评分		100	

任务总结：

任务实训

实训名称	修改护甲更新的方式
实训目标	了解脚本代码设计
实训要求	(1) 完成护甲和生命值的更新； (2) 完成得分的更新； (3) 完成补给信息的提醒
实训总结	

任务三 添加主菜单

任务描述

情境描述	程序员A发现目前游戏还没有一个游戏的主菜单，这个会很影响用户的体验，所以决定自己动手为这个游戏添加主菜单。
任务分解	分析上面的工作情境，将任务分解如下： （1）创建场景； （2）创建按钮； （3）按钮方法； （4）设置UI事件。
任务准备	（1）了解UI的设计方法； （2）按钮如何动态绑定方法： ①可视化创建及事件绑定。 ②通过直接绑定脚本来绑定事件。 ③通过 EventTrigger 实现按钮单击事件。 ④通过 MonoBehaviour 实现事件类接口来实现事件的监听。 EventSystem有三个组件：分别为EventSystem、StandaloneInputModule、TouchInputModule，后面两个组件都继承自BaseInputModule。EventSystem组件主要负责处理输入、射线投射以及发送事件。

任务目标

知识目标	能够设计一个游戏主菜单。
技能目标	掌握创造按钮并添加按钮的方法。
职素目标	耐心和细心：在主菜单的设计过程中，对软件使用出现的各个问题能耐心地解决，对于脚本代码的细节部分也能细心地完成。

视频

添加主菜单

任务实现

以下通过具体的步骤设计了一个游戏主菜单，添加两个按钮并对UI事件进行设计。

步骤1： 创建场景。

在Scenes文件夹中右击，选择“Create\Scene”命令创建场景并命名为“Main Menu”，如图3-5-14所示。

双击打开刚刚创建的场景。将 RobotRampageTitle 预置从Resources文件夹拖动到层级视图上。

设置其Position 为(15,-61,538)，Rotation为 (-18.07，180，0)。像之前一样创建一个画布，并将其命名为“MenuUI”，如图3-5-15所示。

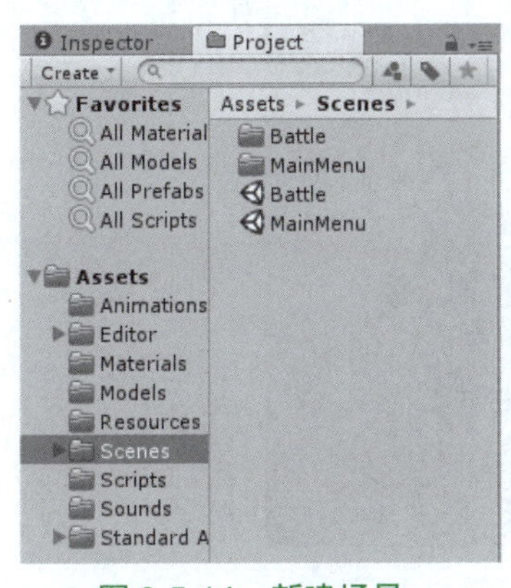

图 3-5-14 新建场景

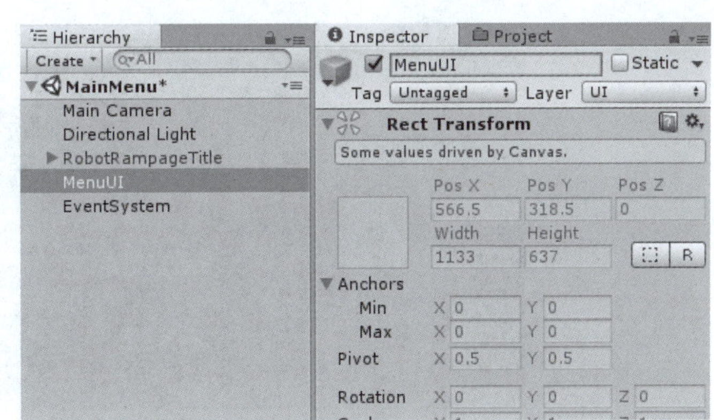

图 3-5-15 新建 MenuUI

步骤2: 创建按钮。

首先，创建一个按钮。在层级视图中右击，选择“Create\UI\Button”命令，然后重命名为“BeginButton”。将anchor preset设置为bottom center，pivot为(0.5、0.5)，position为 (0、165.8、0)，width为 260，height为75。

在Image组件中，将Source Image设置为 Pink_Grey_Texture。在Button组件中，将Transition设置为Sprite Swap，将Highlighted Sprite设置为 Pink_Black_Texture，并将Pressed Sprite设置为 Pink_Texture。

Sprite Swap意味着在按钮的不同状态下显示不同的精灵。按钮最后的样子如图3-5-16所示。

在层级视图中，选择BeginButton的子对象Text，如图3-5-17所示。

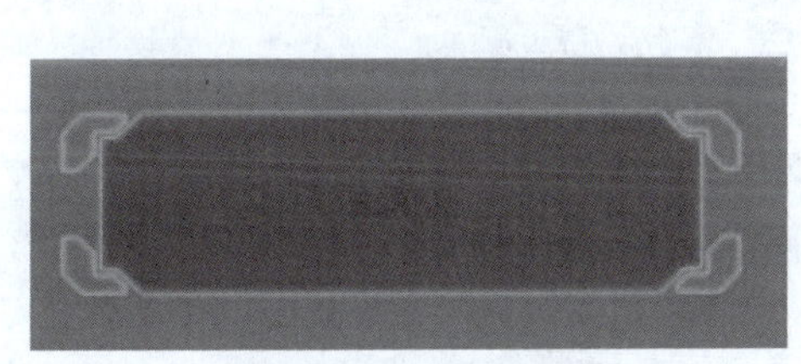

图 3-5-16 按钮效果

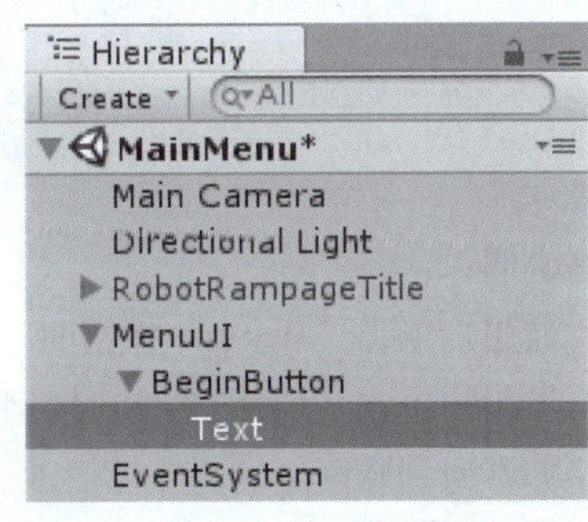

图 3-5-17 子对象

将Text中的“Button”改为“Begin”，将颜色设置为白色，字体大小改为46，字体改为heavy_data。最后效果如图3-5-18所示。

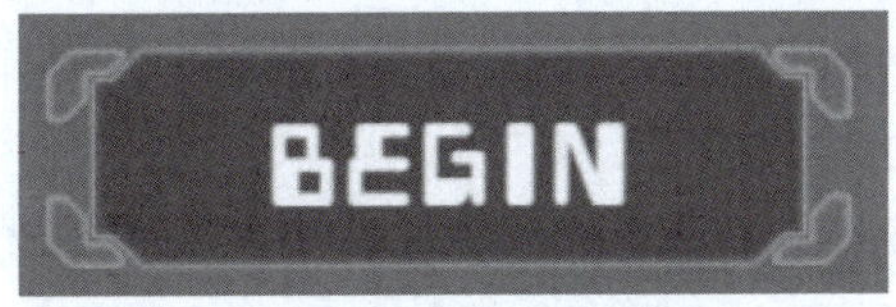

图 3-5-18 按钮最终效果

复制BeginButton，重命名为“ExitButton”。设置Position到 (0，82，0)。

修改文本为Exit。运行效果如图3-5-19所示。

图 3-5-19　菜单最终运行效果

主菜单的UI已经创建成功，但它还不能做任何事情！稍后将为它们添加UI事件。

步骤3： 按钮方法。

创建一个C#脚本，命名为Menu并在代码编辑器中打开它。首先，在脚本的顶部添加如下代码：

```
using UnityEngine.SceneManagement;
```

SceneManager封装了管理场景的一些方法，如加载、卸载、搜索场景等。

现在，将以下方法添加到类的正文中：

```
// 1
public void StartGame() {
SceneManager.LoadScene("Battle");
}
// 2
public void Quit() {
Application.Quit();
}
```

代码说明：

（1）当用户单击“Begin”按钮时，将调用StartGame()，加载Battle场景。

（2）当用户单击“Exit”按钮时，将调用Quit()，退出应用程序。

保存脚本回到Unity。

选择 MenuUI 游戏对象，将Menu脚本拖到检视视图上。

步骤4： 设置UI事件。

选择 BeginButton 游戏对象，然后单击Button组件中的+，如图3-5-20所示。

这将创建一个 UnityEvent，它将在玩家单击此按钮时调用某个函数。将MenuUI 游戏对象拖动到下拉菜单下方的字段上，如图3-5-21所示。

现在右侧下拉菜单显示No Function。单击此下拉列表并选择Menu\StartGame()。现在，当单击这个按钮时将调用Menu脚本上的StartGame()方法，加载Battle场景。

用同样的方法设置ExitButton，将其回调函数设置为Quit()方法，如图3-5-22所示。

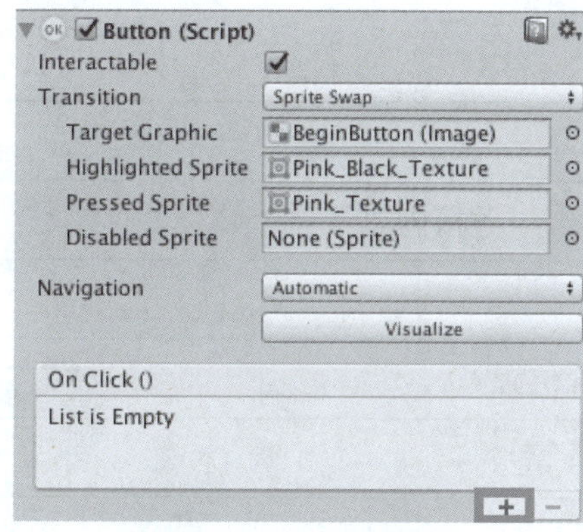

图 3-5-20　添加事件

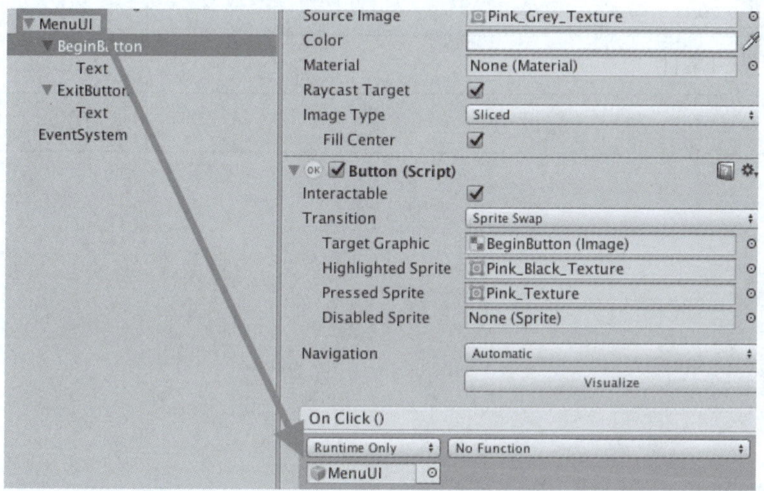

图 3-5-21　引用方法

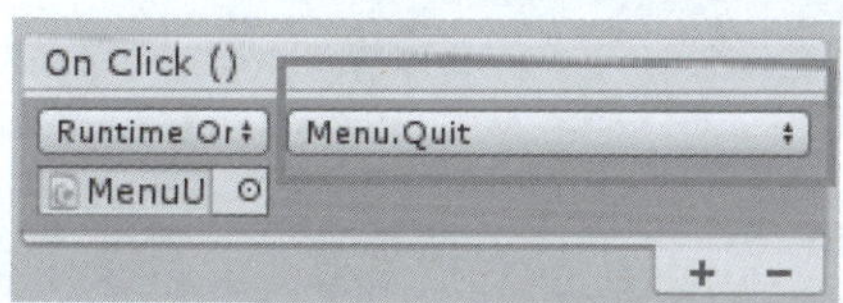

图 3-5-22　选择回调方法

运行游戏，单击“Begin”按钮看看效果，运行效果如图3-5-23所示。

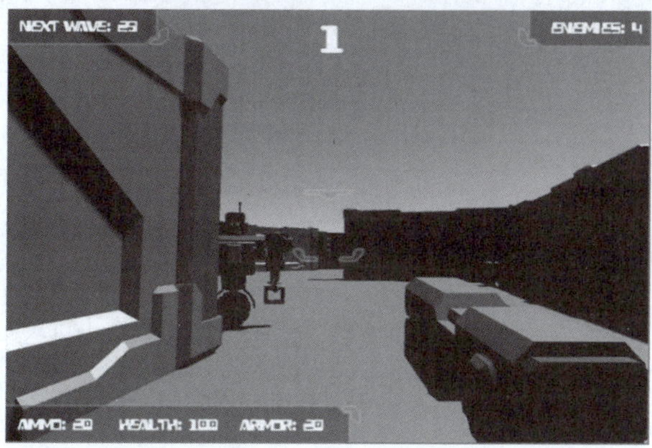

图 3-5-23　运行效果

任务考评

姓名		完成日期	
序号	考核内容	标准分	评分
01	创建场景	20	
02	创建按钮，并设置位置	20	
03	调整按钮颜色字体等	10	
04	配置“Exit”按钮	10	
05	按钮方法	20	
06	设置UI事件	20	
总评分		100	

任务总结：

任务实训

实训名称	添加新的按钮功能
实训目标	掌握主菜单按钮的设置方法
实训要求	(1) 完成按钮的创建； (2) 完成按钮位置的设置； (3) 完成按钮的方法绑定； (4) 完成UI事件的设置
实训总结	

任务四 设置音乐

任务描述

情境描述	产品经理经过和用户进行沟通，用户提出需要添加音乐来达到一个更好的游戏效果，经过考虑产品经理委托程序员C来进行音乐的开发。
任务分解	分析上面的工作情境，将任务分解如下： （1）防止被销毁； （2）添加声音源。
任务准备	掌握Unity的基本操作。

任务目标

知识目标	能够设置音乐。
技能目标	掌握添加声音源的 。
职素目标	耐心和细心：在音乐添加过程中，对软件使用出现的各个问题能耐心地解决，对于脚本代码的细节部分也能细心地完成。

视频

设置音乐

任务实现

步骤1： 防止被销毁。

在MainMenu场景中，创建一个空的游戏对象，将其命名为 BackgroundMusic。新建一个C#脚本，将它命名为“BackgroundMusic”，并在代码编辑器中打开它。用以下方法替换旧方法：

```
void Start() {
    DontDestroyOnLoad(gameObject);
}
```

这只是确保脚本所附加的游戏对象在更改场景时不会被删除，这样当切换到Battle场景时，音乐将继续播放。

保存更改，回到Unity。将这个脚本拖动到 BackgroundMusic 游戏对象。

步骤2： 添加声音源。

选择 BackgroundMusic 游戏对象并添加Audio Source组件。选择Loop复选框，并将 AudioClip 设置为music。如图3-5-24所示。

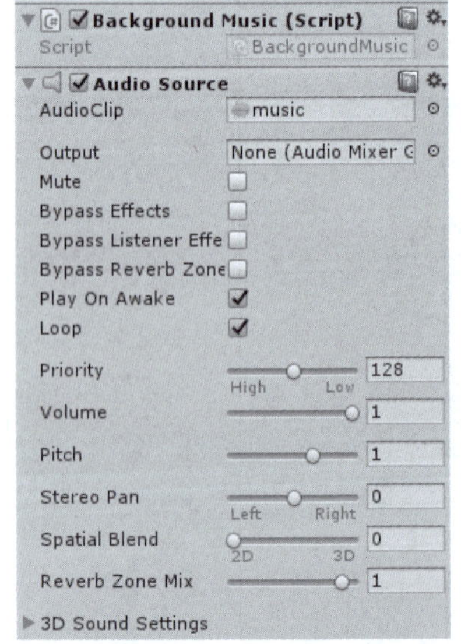

图 3-5-24　设置音频

任务考评

姓名		完成日期	
序号	考核内容	标准分	评分
01	创建空的游戏对象	25	
02	创建新的脚本，并拖到对象上	25	
03	添加声音源	50	
总评分		100	

任务总结：

任务实训

实训名称	更换声音源
实训目标	了解声音源的添加方式
实训要求	（1）完成游戏对象的创建； （2）完成游戏对象的脚本； （3）完成声音的添加
实训总结	

任务五 结束游戏

任务描述

情境描述	程序员D发现当前游戏还没有设计游戏结束的画面，这个对于游戏的玩家是至关重要的，所以他决定来开发此功能。
任务分解	分析上面的工作情境，将任务分解如下： （1）创建UI； （2）实现UI事件。

任务准备	（1）了解UI的设计模式；
	（2）重新加载场景的方法；
	（3）同步加载场景：
	//实现PointerClickHandler接口用于监听UGUI鼠标单击操作
	public class ToLoadingScene : MonoBehaviour, IPointerClickHandler
	{
	[Tooltip("下个场景的名字")]
	public string nextSceneName;
	public void OnPointerClick(PointerEventData eventData) {
	SceneManager.LoadScene(nextSceneName);
	}
	}

任务目标

知识目标	设计游戏结束的画面。
技能目标	能够创建UI与对应的UI事件。
职素目标	耐心和细心：在游戏结束画面的设计过程中，对软件使用出现的各个问题能耐心地解决，对于脚本代码的细节部分也能细心地完成。

任务实现

视频

结束游戏

以下步骤完成了游戏结束的画面设计，显示分数与其他几个按钮，并在后面实现了UI事件设计。

步骤1： 创建UI。

这个游戏基本上已经完成了，但它还需要一个GameOver画面。

打开Battle场景。

首先，在层级视图中通过“Create/UI/Panel”命令来创建一个面板，重命名为“GameOverScreen”。将其Anchor Preset设置为middle center、Pos Y为0、Width为400、Height为300。将Image组件中的SourceImage设置为Box，并将其Alpha设置为 1。

面板只是用来组织其他UI控件的。所有后续的UI控件都将是GameOverScreen的子级。

在GameOverScreen下创建Text控件，命名为“GameOverText”。将Position设置为（0、

0、0)、Width为400、Height为290。

在文本组件中，将文本设置为“Game Over”、居中对齐、字体为heavy_data、字体大小为70、颜色为白色，运行效果如图3-5-25所示。

图3-5-25　GameOver字样

现在创建以下按钮，如图3-5-26所示。

Type	Name	Position	Width	Height	Source Image	Transition	Highlighted Sprite	Pressed Sprite
Button	Restart	(0, 12, 0)	260	60	Pink_Grey_Texture	Sprite swap	Pink_Black_Texture	Pink_Texture
Button	Exit	(0, -34.5, 0)	260	60	Pink_Grey_Texture	Sprite swap	Pink_Black_Texture	Pink_Texture
Button	Menu	(0, -67, 0)	260	60	Pink_Grey_Texture	Sprite swap	Pink_Black_Texture	Pink_Texture

图3-5-26　按钮列表

接下来，需要在所有按钮上设置文本。

展开Restart游戏对象，并选择其Text子对象。将文本内容更改为“Restart”、字体大小为22、字体为heavy_data、颜色为白色。对Exit和Menu执行类似的操作。最后运行效果如图3-5-27所示。

图3-5-27　UI最终运行效果

步骤2: 实现UI事件。

布局完成后，只需在代码实现它们。

打开Game脚本，在类声明之前添加以下内容：

```
using UnityStandardAssets.Characters.FirstPerson;
using UnityEngine.SceneManagement;
```

添加如下变量：

```
public GameObject gameOverPanel;
```

将如下方法添加到类的正文中：

```
// 1
public void OnGUI() {
if (isGameOver && Cursor.visible == false) {
Cursor.visible = true;
Cursor.lockState = CursorLockMode.None;
}
}
// 2
public void GameOver() {
isGameOver = true;
Time.timeScale = 0;
player.GetComponent<FirstPersonController>().enabled=false;
player.GetComponent<CharacterController>().enabled=false;
gameOverPanel.SetActive(true);
}
// 3
public void RestartGame() {
SceneManager.LoadScene(Constants.SceneBattle);
gameOverPanel.SetActive(true);
}
// 4
public void Exit() {
Application.Quit();
}
// 5
public void MainMenu() {
SceneManager.LoadScene(Constants.SceneMenu);
}
```

代码说明：

(1) 这个方法可以在比赛结束后释放鼠标光标，这样用户就能从菜单中选择一些东西。

(2) 这将被称为当游戏结束。它将时间刻度设置为 0，以便机器人停止移动。它还禁用控件并显示刚刚创建的面板上的游戏。

(3) 当用户想要重新启动游戏时，这个方法将被用来重新加载场景以重新启动游戏。

(4) 当用户选择“Exit”按钮时，将调用此操作。它退出应用程序，但这种情况仅当它从生成运行时发生。

(5) 当用户选择菜单按钮时，还需要一个返回主菜单的方法。这只是加载菜单场景。

保存修改回到Unity。单击Game游戏对象，并将GameOverScreen游戏对象拖动到GameOverPanel字段中，如图3-5-28所示。

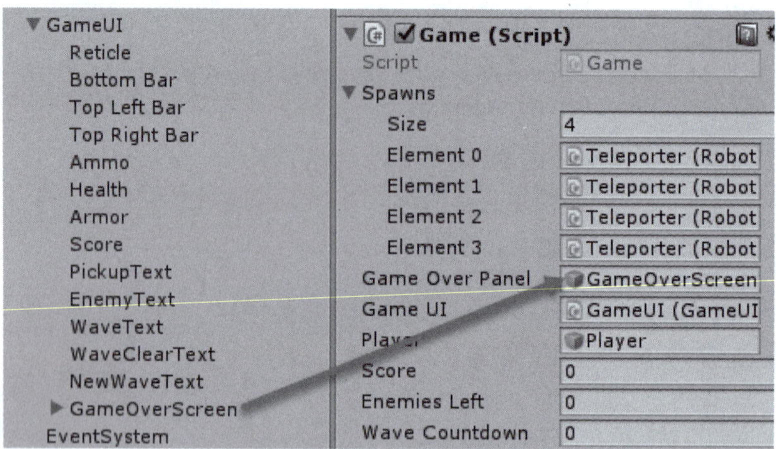

图 3-5-28　设置参数

现在停用 GameOverScreen 游戏对象。这样，它只会在游戏结束时出现。

打开Player脚本，然后添加这些变量：

```
public Game game;
public AudioClip playerDead;
```

将 Debug.Log ("GameOver") 替换为：

```
GetComponent<AudioSource>().PlayOneShot(playerDead);
game.GameOver();
```

这将播放 player Dead 音频，然后在Game脚本中调用 GameOver()方法。保存脚本，并回到Unity。

单击Player游戏对象，将Game拖动到Game字段上，如图3-5-29所示。

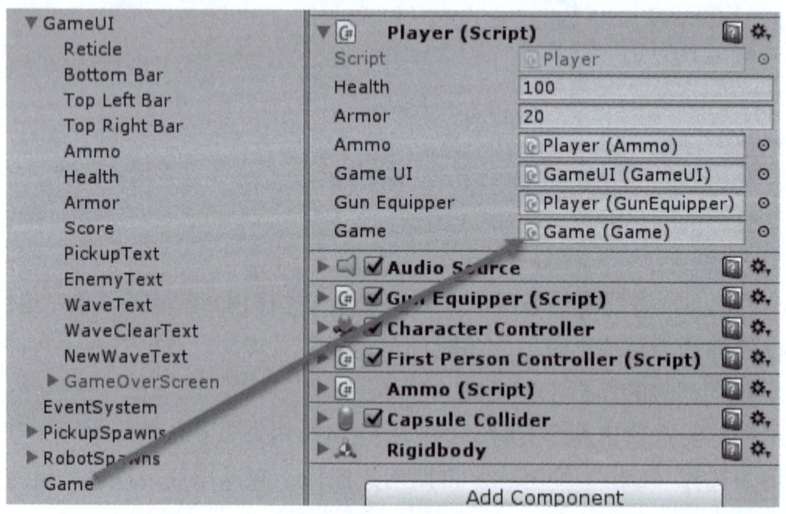

图 3-5-29　引用 Game

设置Player Dead音频为playerDead 音频文件，如图3-5-30所示。

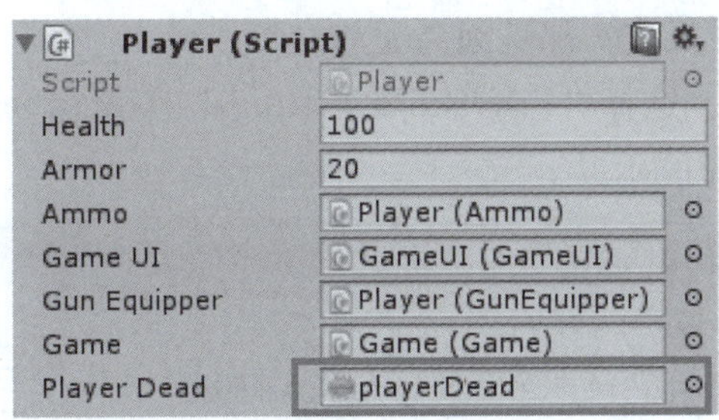

图 3-5-30 设置音频

现在，当player的生命值达到0时，将调用Game Over Screen并播放“死亡”的声音。

最后要做的事情是配置按钮回调。

单击Restart游戏对象。通过单击“+”添加事件。接下来，将Game游戏对象拖动到字段上，然后在下拉菜单中选择“Game\RestartGame()”，如图3-5-31所示。

Button (Script)
Interactable
Transition Sprite Swap
Target Graphic Restart (Image)
Highlighted Sprite Pink_Black_Texture
Pressed Sprite Pink_Texture
Disabled Sprite None (Sprite)
Navigation Automatic
Visualize
On Click ()
Runtime Only Game.RestartGame
Game (Game)

图 3-5-31 重新启动

在Exit和Menu上做相同的操作。在选择方法时，为Exit游戏对象选择“Game\Exit()”，为Menu游戏对象选择“Game\MainMenu()”。

运行游戏，让机器人攻击玩家，直到生命值达到0，然后看到游戏结束画面，听到尖叫声，运行效果如图3-5-32所示。

图 3-5-32 运行效果

单击“Menu”按钮没反应？那是因为还差一步。

打开MainMenu场景，选择“File/Build Settings”菜单命令，然后单击“Add Open Scenes”按钮，如图3-5-33所示。

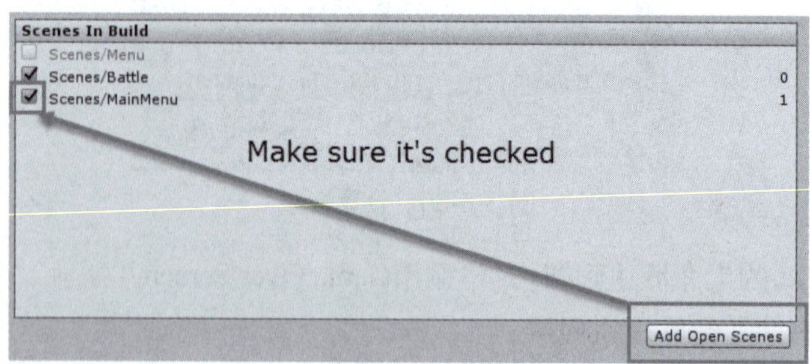

图 3-5-33　注册场景

现在回到Battle现场，运行游戏，再次“死亡”。随着游戏在屏幕上打开，单击菜单，应该被带到菜单场景。单击重启后重新加载的战斗。

学习笔记

任务考评

姓名		完成日期	
序号	考核内容	标准分	评分
01	创建画板并调整大小	20	
02	创建新的Text控件	20	
03	修改Game脚本	20	
04	停用 GameOverScreen 游戏对象	10	
05	修改Player脚本	10	
06	配置按钮回调	20	
总评分		100	

任务总结：

任务实训

实训名称	添加新的UI界面与方法
实训目标	扩充游戏界面的功能与掌握方法
实训要求	（1）完成游戏的结束； （2）完成游戏结束后并重新开始
实训总结	

参考文献

[1] 穆海明, 刘盼, 刘兴华. 基于Unity的游戏开发[J]. 通讯世界, 2016(8):288-289.

[2] 唐捷. 基于Unity3D的小游戏开发[J]. 电脑编程技巧与维护, 2016(23):89-90.

[3] 陈雪梅. 基于Unity3D的手机游戏开发[J]. 电子技术与软件工程, 2016(23):71-72.

[4] 赵海峰. 基于Unity3D的游戏开发与设计[D]. 青岛：山东科技大学, 2014.

[5] 胡能发. 基于Unity3D游戏开发中地面及水下效果的渲染设计[J]. 电子世界, 2015(22):161-162.